翻轉學

翻轉學

翻轉學

翻轉學

IF YOU COULD LIVE ANYWHERE
The Surprising Importance of Place in a Work-from-Anywhere World

打破辦公空間的
遊牧職場學

遠距、居家、接案……活用WFA工作法，
讓你更能發揮效率與才華，賺錢也賺享受

梅洛蒂·瓦尼克 MELODY WARNICK——著　　張家綺——譯

獻給現在可以自由選擇，想去哪裡就去哪裡的艾拉，

也獻給露比，但妳要先學會開車。

目錄 CONTENTS

目錄 CONTENTS

目錄 CONTENTS

好評推薦

「推薦當代遠距工作者必看好書！從巴拿馬到密西根，再從峇里島到葡萄牙。我們有幸活在這個數位遊牧的時代，超越時空，選擇自己的工作和生活。本書實用而精采，也給予我許多啟發。」

——林昶聿，國際獵才平台 Meet.jobs 創辦人

「疫情期間居家辦公的趨勢當紅，這本書來的正是時候，傳授讀者實用密技，教我們善用這個到哪都能工作的大好機會……內容淺顯易懂，趣味橫生，資訊豐富。」

——《書單》（*Booklist*）雜誌

「我真的愛死這本書，這不只是一部為了到哪工作者調遷而寫的實用指南，瓦尼克的研究和深入見解就是建築美好社群的一層底漆，更重要的是讓我們成為幸福快樂、對自己心目中的家盡一己之力的好市民。」

——海瑟・蘭德（Heather Lende），阿拉斯加州作家獎得主、《紐約時報》暢銷書《若這裡是你家，我知曉你的名》（*If You Lived Here, I'd Know Your Name*）作者

　　「如果你哪裡都可以住，那你應該住在哪？這問題或許令人頭大，但是別怕，梅洛蒂‧瓦尼克將在這本研究透澈的聰穎指南中與你分享實用策略，幫你找到解答，你會明瞭為何選擇居住地，就等於投出關鍵一票，選擇自己想要的人生。大大推薦給任何希望居家辦公、知道何處是我家的人。」

——蘿拉‧范德康（Laura Vanderkam），

《最新高級辦公室》（*The New Corner Office*）作者

　　「本書是一部激勵人心、通透周詳的指南，教你善用地點解鎖你的美好人生。無論你追尋的是個人成就、事業成長、財務自由，或者以上皆是，梅洛蒂‧瓦尼克都有各項法寶，幫助我們在全世界選出最適合自己的地點，滿足人生需求、成功達標。書中提供成功案例的真人真事及實用建議，肯定能讓到哪都能工作族充滿信心，重新評估定位自我。天啊，要是這本書十年前就出版，我就不用花上十年才找到到哪都能工作的自由！」

——約翰‧彼得西克（John Petersik），

《紐約時報》暢銷書《新家改造寶典》（*Young House Love*）作者

　　「在這本指點迷津、啟發靈感的絕妙手冊中，梅洛蒂‧瓦尼克將帶領你在決定全新據點前，了解搬家之前的必劃重點，以及幫你劃線你可能不小心遺漏的事項。即使你未來幾年沒有搬家計畫，無論人在何方，梅洛蒂的友善提點都能幫你提煉出個人價值，耕耘幸福人生。」

　　　　　　　　　——安妮·博吉爾（Anne Bogel），

　《別想了，好好生活吧》（*Don't Overthink It*）作者

「遠距工作為我們開啟一個全新世界，梅洛蒂·瓦尼克以資料數據為根據的研究，引導我們找到最適合自己的家。本書就像是撮合人與地的相親媒合服務。」

　　　　　　　　　——阿里·溫茲克（Ali Wenzke），

　《搬對家的藝術》（*The Art of Happy Moving*）作者

「這是一本輕鬆明快、活力滿點的聰明指南，任何想要在事業、人生、家庭中取得平衡的人都應該好好拜讀。書中充滿豐富研究及相關趣聞軼事，我認為這本書易讀好懂，也非常有幫助，在我四處遷徙後提供一個框架，讓我更理解當初面臨的難處和機會。我絕對會多買幾本送給和我一樣即將步入空巢期、也希望踏上全新冒險的朋友。這本攻略大作提供的方法解放了我們，超級實用。」

　　　　　　　　　——克里斯汀·克拉夫特（Christine Kraft），

　　　　　　　　　《解開行囊》（*Unpacked*）作者

《到哪都能工作 WFA 宣言》

1. 如果到哪都可以工作，只要找對地點，工作表現就可能更亮眼。

2. 當你到哪都可以工作，想住哪裡都不是問題。

3. 你的居住地非常重要，也完全不重要。

4. 你個人的價值觀應該反映在你選擇的地點上。

5. 成為搶手貨的感覺很好，甚至比被人需要的感覺好。

6. 要是到哪都能工作，你居住的城鎮就是你的辦公室。

7. 表現更優異，我們的生活也跟著美好。

8. 投資自己的居住地，你就為人生創造意義。

9. 適合的居住地會提醒你自己，什麼才是最重要的。

第 1 章

達到工作與生活
平衡的關鍵

　　艾咪（Amy）和詹姆斯·赫伯登（James Hebdon）在美國西雅圖地區生活與工作的七年，感覺比什麼都來得漫長，連南北戰爭都比不上。失去的那幾年時光已是不言而喻，卻沒久到讓赫伯登夫婦覺得自己不是等待脫身的短暫過客。

　　倒不能說他們不喜歡西雅圖，這對夫妻住在西雅圖東邊的高級近郊柯克蘭區（Kirkland），很滿意他們承租的豪華公寓。雖然詹姆斯是熱愛太平洋西北岸陰鬱氣候的稀有動物，但是他倆都心中有數，這座城市給不起他們夢想的生活，可以讓孩子和小狗在遼闊的鄉間空地奔跑，地下室架子上擺著閃閃發光的自製農產品梅森罐，還有雞隻在側院啄食。

　　艾咪非常想要買房，無奈 2016 年西雅圖房價飆至新高，詹姆斯的姊姊在西雅圖購置的房子要價 100 萬美元，偏偏西雅圖並沒有艾咪和詹姆斯買得起房的多元宇宙。「我希望擁有一棟安身立命的房子，有自己的家，」艾咪說，「要是內心深處總覺得房子只是短租的，就很難有安身立命的感覺。」

　　幸好，艾咪和詹姆斯有一項祕密武器，那就是他們的工作不受地點限制。

　　近十年來，艾咪都是遠端工作者，有時是全職公司雇員，有時是獨立承包人。可是 2017 年，她辭去西雅圖科技公司的工作，自立門戶，開了一間數位行銷公司，沒多久詹姆斯加入她的行列。短短幾個月不到，他們的營收已高達六位數字，而客戶都不知道他們其實是在自家工作。

　　既然只需要良好網路連線，就能走到哪工作到哪，他們很快就明白自己大可不必窩在柯克蘭區的公寓工作。何不踏出家門去咖啡廳或共享工作空間？國家公園營地？南美洲海灘？要是他

們走到哪裡都能工作，當然也可以走到哪裡住到哪裡。正如成千上萬個一樣不受地域限制的人，他們也開始自問這個可能改變人生的問題：**如果我們到哪都能工作，那我們應該住哪裡？**[1]

艾咪和詹姆斯就是我所謂的遊牧工作族，這群人的工作不受限於特定的地理位置，而該族群的人口數字正迅速成長。乖乖服從公司的轉調令、行屍走肉地通勤前往大都市的辦公室、居住在不喜歡的地方，要是你到哪都能工作，以上這些問題都不再是問題。有了走到哪都能工作的自由，你就能自由選擇自己的人生方向。

或許你也是到哪都能工作，或者渴望成為其中一分子。

又或許你像艾咪和詹姆斯，為了能夠自由彈性決定居住地，已經展開自己的事業。

或許你是遠距工作者，每天朝九晚五，公司卻不需要你本人親自進公司，好比擔任企業對企業銷售專員的萊恩・密特（Ryan Mita），託新冠病毒疫情的福得以遠距工作，並且趁機從紐約市搬至德州奧斯汀（Austin）。[2]

或許你和葛蕾絲・泰勒（Grace Taylor）一樣，也是獨立創業的會計師，走到哪裡公司就帶到哪裡（她也有跟她一樣是數位遊民的客戶）。[3]

又或者你是美國預測的 35％勞動力人口，[4] 是接洽不同客戶的自由工作者，好比本來是老師的潔西卡・亞勞斯（Jessica Araus），從墨西哥搬到荷蘭後成為自由接案的插畫家。[5]

再不然你也可能和半退休狀態的莉亞・塔爾肯（Ria Talken）一樣，離開加州奧克蘭（Oakland）後，她來到一年 320 天豔陽高照的墨西哥聖米格爾德阿連德（San Miguel de Allende）。[6] 或

者你早已向有薪工作說再見，之前拚了命地工作存錢，現在已經提前退休，正要實現在理想居住地生活的美夢。

無論你成為到哪都能工作族的目的為何，以下是凝聚你們的要素：正因為你們走到哪裡，工作就在哪裡，你們有決定自己居住地的超高自主權。**到哪都能工作也不只是攸關在哪裡生活，擁有地域獨立性的意思是擁有自由和彈性，可以規劃你渴望的生活方式，決定你重視什麼、你想擁有的經驗、對你而言成功的意義。**（小暗示：但很可能不是每週工作 70 個鐘頭後，公司頒予的黃金星星。）

成為到哪都能工作族或許就是一種解藥，揮別現代經濟體無所不在的過勞、倦怠、壓力，或是擺脫作家安妮·海倫·彼德森（Anne Helen Petersen）說的：「已把自己練就成一台工作機器人的感覺。」[7] **遊牧工作族勤奮認真，但也想要在工作與個人時間、精力、身心健康、親朋好友、休閒娛樂、目標等之間取得平衡，而為了達成這項目標，他們往往會先掌握自己的所在地。**

一場全球疫情，讓遊牧工作族崛起

雖然到哪都能工作算不上是全新潮流，過去二十載這股浪潮卻一飛沖天。早在 2007 年，提摩西·費里斯（Tim Ferriss）就在他的超級暢銷書《一週工作四小時》（*The 4-Hour Workweek*）中大力鼓吹地域獨立的概念。書封上的棕櫚樹卡通圖案朝幾百萬名讀者招手，舉凡創業人士、自由工作者、飽受朝九晚五工作折磨的人，無不幻想可以一邊工作，一邊在海邊享受日光浴，身旁

還擺著一杯滲出水珠的瑪格麗特調酒。

　　很快就有公司搭上這股到哪都能工作的風潮，網路設計和軟體公司「大本營」（Basecamp）的創辦人傑森·佛萊德（Jason Fried）和大衛·漢森（David Heinemeier Hansson）吹噓他們的團隊分散世界各地，該公司員工足跡遍布全球，從丹麥哥本哈根乃至愛達荷州考德威爾（Caldwell）都有。「到處都有優秀人才，但也不是每個人都想搬到舊金山（或是紐約、好萊塢，抑或你公司總部的所在地），」他們在 2013 年關於遠距工作的入門指南《遠距工作模式》（*Remote: Office Not Required*）中寫道：「**遠距工作的用意就是讓你的團隊放牛吃草，不管團隊分散何處，皆能發揮最高潛能，成為最優秀團隊。**」[8]

　　網路恍如化學品溢漏，慢慢瓦解了職場和實際空間的連結。2009 年至 2019 年間，不受地域限制的員工數字飆升 140％。[9] 到了 2016 年，就連施樂（Xerox）和戴爾（Dell）等《財富》世界五百強公司，都有將近半數的全職員工偶爾進行遠距工作。[10] 一份調查發現，2019 年有 43％的美國公司批准遠距工作。[11]

　　當然，遠距工作不是所有人的菜。2014 年出版《辦公室隔間：一段職場祕史》（*Cubed: A Secret History of the Workplace*）的作者尼克爾·薩瓦爾（Nikil Saval）表示，他詢問 Google 代言人該科技公司是否批准遠距工作時，得到以下生硬簡短的駁斥：「不，而且我們不鼓勵遠距工作。」[12] 雅虎執行長梅麗莎·梅爾（Marissa Mayer）最知名的事蹟就是在 2013 年撤銷 11,500 名職員遠距工作的權利，她解釋「有些最佳決策和見解都是在走廊和員工食堂閒聊、認識新朋友、即興舉行的團隊會議中誕生的」。[13]

　　然而，精靈回不去了，再也塞不回瓶中。**到處都能工作的**

現象仍存在於世界各個角落，千禧世代和 Z 世代更是恨不得遠距工作，甚至不惜為此更換工作或放棄假期。在兩份工作間抉擇時，77％求職者的決定要素通常是遠距工作。[14]

後來，新冠肺炎流行疾病襲擊全球，不用多說你已經知道，這場疫情更是助長到哪都能工作的趨勢。2020 年 3 月，為了遏止新冠肺炎病毒擴散，世界各地的辦公室紛紛關上大門，1 億7,500 萬美國人突然開始在自家沙發和宜家（IKEA）書桌前遠距埋首工作。根據一份牛津大學分析，可以合理遠距進行的工作合計共有 113 種，而超過一半的美國勞動人口就從事其中一種，於是即使全球流行疾病大爆發，工作仍然像是席琳・狄翁的愛一樣，永無止境＊。[15] 擱在辦公室隔間架上的盆栽逐漸枯萎、辦公室廚房裡的鮪魚三明治發霉，與此同時，職員在家中的筆記型電腦上敲敲打打，總算摸清該如何與同事使用 Slack 遠距上班軟體。

在這種不得已的情勢下進行遠端工作，好處難道會多過進公司上班？這種模式絕對不是人人都有同感，家庭就深受其害，職業婦女更尤其措手不及，不過儘管孩子在家遠距上課時哀嚎連連的恐怖景象，或是另一半不小心裸體示眾、現身 Zoom 視訊會議上，有些人還是偏好在家工作。省去通勤、謹慎不踩到辦公室政策地雷等耗時又不必要的活動後，這些人瞬間享受到美妙的自由。有的員工覺得在家中工作效率提升，有的人則是可以在日正當中外出遛狗，沉浸在自己總算在事業與生活中取得平衡的假象。（狗狗絕對是新冠肺炎時期的大贏家。）

除此之外，不少剛展開遠距工作的職員也非常珍惜不受地域限制的美妙滋味。工作和上課都改為線上進行之後，我們再也不必非得待在某個地點不可。公寓樓梯及猶如細菌工廠的都市地

鐵站有欠安全，於是人們開始擠進露營車，來一場跨越全美的國家公園探險之旅，在新冠肺炎的影響下，休旅車的銷售額出現大幅提高 53％的趨勢，[16] 再不然就是飯店預定潮和主打適合遠距工作的假期短租租屋潮。[17]

有的職員甚至沒提及自己離開原本的城鎮。一名遠距工作者告訴我，他有一個同事每次視訊會議上都套用虛擬背景，掩飾她每隔幾天就換住不同 Airbnb 短租套房的事實，所以他壓根沒有發現她其實已經在外旅行數月。

流行疾病爆發的階段，每十位美國人之中，預測大約就有一人搬家，[18] 不少都是暫時的，而且都是為了應付流行疾病時代的艱難挑戰，好比後來天天被關在都市小公寓瞪著四堵牆，瞪到差點發瘋。

不過更廣泛來說，新冠肺炎的降臨讓大多人開始認真思考自己的生活地區。什麼才是最重要的？後院？優良學區？鄰近數月都見不到面的家人的地點？這場流行疾病就是一個讓 46％美國人重新檢視生活環境的反曲點。[19] 普遍來說，大家都想要空間，而且是價格合理的充裕空間。就這一點，全美的房地產市場出現激烈反應，奧斯汀、鳳凰城、納什維爾、坦帕等曾幾何時房價合理的太陽帶城市，房地產售價已超越全國平均值 25％。[20]

在新冠肺炎流行疾病爆發期間，移居遠方等於是賭上一把，或許暫時的遠距工作可能變成永久狀態，行事作風謹慎的人則是靜待轉為長期線上辦公的指令。一份灣區居民的調查發現，34％

---

* 席琳・狄翁為電影《鐵達尼號》（Titanic）演唱的主題曲《愛永無止境》（*My Heart Will Go On*）。

的人表示他們可能在兩年內搬離舊金山，但要是有得選，可以轉為遠距工作的話，搬離舊金山的數字比例就會增加至 46％。[21]根據一份 2021 年的 Airbnb 調查，高達 83％的人表示，如果可以遠距工作，他們也希望搬家，而每五人之中已經有一人這麼做了。[22]

　　一旦嘗過遠距工作的滋味，人們往往就回不去了，偏好維持遠距工作模式。在某份 2019 年的調查，99％的虛擬工作者指出希望維持這種工作形式，至少直到他們退休為止。[23]疫情爆發後，原本從未想過居家辦公的幾億名民眾全愛上了遠距工作的好處，亦證明他們可以長期在辦公室外工作，看不見非得回公司上班的理由。

　　最後，X（推特）、Shopify，乃至美國互惠保險公司（Nationwide）和富士通也力拚轉型。根據某份 2020 年的小型民調，82％公司領導人有意把遠距工作改為後疫情時代的常規慣例，近半數老闆則承諾讓員工完全保持虛擬辦公。[24]舉個例子，雲端客戶關係管理公司賽富時（Saleforce）宣布辦公室時代將劃下句點，「朝九晚五的工時已邁向終點，」首席人事長布蘭特・海德（Brent Hyder）說，「職員經驗不只是桌球和零食。」[25]辦公室空蕩蕩之下，倫敦市宣布一項計畫，預計到了 2030 年將把閒置空間改建成 1,500 戶新房。[26] 2021 年美國的辦公室閒置率攀升至 16.4％，堪稱十年來最高。[27]

　　面對重重改變，亞馬遜和蘋果等多家公司仍然堅持親自到辦公室上班的常規，但要是能夠遠距工作，或至少可以選擇工作場地和方式，對員工來說或許比較好。遠距工作協會（Remote Work Association）會長蘿拉・法芮爾（Laurel Farrer）解釋：「人

們說『等一下，我好像不用再開兩個鐘頭的車進城，也不用超級早起、送孩子去幼兒園，而且我也很開心白天見得到孩子。』有些人則是生活方式出現微小改變，好比：『噢，我現在變得比較健康，可以輕鬆管控自己的行為，體重也正在減輕』等諸如此類的個人改變」[28] 都讓工作與生活更易於掌控管理，而職員也開心滿足。

　　無庸置疑的是，**流行疾病為遊牧工作族揮出劃時代的一擊。**但早在新冠病毒年代之前，將近一半的 Z 世代已是自由接案者，73％的人堅稱是自己的選擇。[29] 二十、三十歲的年輕職涯員工亦表明，比起爭權奪利的事業發展，他們偏好具有自主性、掌控力、可以帶來成就感的工作體驗。[30] 可想而知，當這批員工升遷至主管階級，他們的工作地點就會切換至不受限地域等有利方向。

　　不受限地域的意思也許不是真的指「到哪都能工作」，就許多公司的情況來說，稅務規範或混合式的遠距工作都可能局限你的地點選擇，意思就是有些工作必須在公司內完成，有些則是部分線上進行，以上都可能讓你最後得待在公司總部所在的州，或是不能離辦公室超過兩小時的範圍。如果你的目標是成為到哪都能工作的全職遠距工作者，盡早和老闆（或許還有你的會計師）討論、釐清對你可行的選項才是明智之舉。

　　無論如何，人們還是想成為遊牧工作族，你大可不必白費脣舌說服老闆，讓你在蒙大拿州工作才能加入遊牧工作族的行列，也完全不用遠距或線上工作。事實上，**你只要知道自己的工作可以在幾百座城鎮進行，而你可以選擇到任何地方工作，你就能成為遊牧工作族。**

到哪都能工作的事業

最優秀的遊牧工作是完全不受地域限制，意思是這類工作只需要連得上網路就能完成，好比以下工作：

- 軟體開發工程師
- 業務經理
- 簿記員
- 事業發展部經理
- 客服主任
- 客戶服務代表
- 藝術家
- 企業家
- 家教
- 虛擬助理
- 作家
- 產品經理
- 行銷經理
- 教學設計師
- 財務分析師
- 社群媒體經理
- 網路設計師 / 開發工程師
- 電腦系統分析師
- 招募人員
- 口譯員 / 筆譯員

- 美語老師
- 打字員
- 銷售經理
- 平面設計師
- 內容營銷經理
- UX/UI 設計師
- 技術文件撰寫員
- 貸款處理員
- 編輯
- 心理教練
- 職涯諮商師
- 社群媒體網紅
- 電子商務老闆
- 攝影師
- 動態攝影師
- 財務經理
- 研究分析師
- 行政助理
- 社會工作人員
- 人力資源專員

人人有機會成為「遊牧工作族」

　　舉例說明，珍妮・艾倫（Janee Allen）從加州搬到北卡羅萊納州、在學校擔任閱讀師時，發現其實全國各個學區都需要她這一行，於是選了一個她最喜歡的學區，找到工作後就搬到當地。[31]

　　凱蒂和馬修・林肯醫師（Katie and Matthew Lincoln）自從醫學院畢業後就有好幾個地點，全部任君挑選，最後他們來到賓州小鎮，但之所以可以這麼做不是因為他們是筆電戰士，在當地咖啡廳到處開 Zoom 視訊會議，而是因為他們跟醫師、律師、會計師、護理師、老師等許多專業人士一樣，從事的職業在全球各地皆炙手可熱，讓他們幾乎走到哪不怕找不到工作，因此學業結束後他們面臨人生轉捩點，最後非得決定一個地點不可，於是就在頃刻之間成了遊牧工作族。[32]

　　以這個角度出發，我們都曾經或是未來都可能是遊牧工作族。當我們選擇就讀的大學、畢業、找一份新工作、回頭念碩博士班或轉職，甚至是展開全新事業、退休，抑或存夠錢提早揮別全職工作，無論你維持生計的事業為何，抑或工作是否到哪都做得了，在人生某個時刻你總得釐清應該如何掀開人生的全新章節，而這種時候就充滿到哪都能工作的味道。

　　某些遊牧工作族對地點決定是又愛又恨，於是他們從不安定下來。舉個例子說明，凱文和丹尼・凡庫茲（Kevin Dani VanKookz）把他們在西雅圖月租 1,350 美元的公寓，換成了一台斯賓特（Sprinter）旅行車，在美國各地逍遙自得、遊山玩水，每個月的平均消費大約是 1,500 美元。[33]

　　像是愛荷華州萊克城（Lake City）的作家斜槓行銷人員達

茜‧莫斯比（Darcy Maulsby）等其他遊牧工作族，則是精心打造靈活的職業生涯，以便自由待在自己喜愛的環境，就達茜的情況來說，她是居住在丈夫的鄉村老家。這就是地點與事業平衡的反向操作：他們很清楚自己想要去哪裡，因此反過來選擇可以讓他們留在當地的職業道路。[34]

並非所有人都是那麼斬釘截鐵。最近，我親眼見證朋友麥特和梅根為了決定工作地點而苦惱不已。他們是短暫的遊牧工作族，兩人都是教授，梅根接到全國各大學的工作邀約，可是選對城市和選對工作一樣很重要。這對夫妻必須在蘋果還是柳橙的混亂局面中，斟酌衡量生活開銷、親子友善、學校、文化、氣候等各項要素。比起決定自己孩子長大的地點，單純選擇最優秀、薪水又最高的工作還是容易多了。（小小暴雷：最後他們選了奧斯汀。）

你在某個人生階段或許也有遇過類似狀況，無論你的工作是什麼，抑或你的事業經營到哪一步，可能都曾經這麼問過自己：我現在應該住哪裡？這問題總是給人一種責任重大的感覺，畢竟不是單純選一個郵遞區號那麼單純，而是攸關你的命運及身分認同。工作地點選擇的自由越高，決定就越顯困難。

有心經營，任何城市都是對的地方

最近，我在某臉書私密社團上，看見有個女子的貼文：「目前住在（某生活開銷很高的地區），但我們不久前得知我的丈夫可以在薪資不變的情況下，搬到美國任何地方！所以在此誠摯請

求各位大大推薦生活開銷低又陽光明媚的地點，政治立場最好是自由派。我們現在住西雅圖。」

五花八門的答案蜂擁而上，貼文底下總共有 445 則留言。北卡羅萊納州的德罕（Durham）、南卡羅萊納州的查爾頓（Charleston）、華盛頓州的塔科馬（Tacoma）、新墨西哥州北部、曼非斯、奧斯汀、休士頓、拉斯維加斯、科羅拉多州前嶺。[35]

諸如此類的討論串天天都在網路上演，對於可以自由決定居住地點的人來說，漫遊欲和恐慌可能同時發作。究竟要怎麼從 445 個陽光明媚、生活開銷低、政治理念自由地點的建議留言中釐清方向？說到底，陽光明媚、政治自由派、生活開銷低真的那麼重要嗎？還有什麼是可以讓我們更幸福快樂、富有成功、更心滿意足的要素？

這本書的用意就是探討諸如此類的議題，部分是因為我自己也探究過這個問題。自從辭去我在華盛頓哥倫比亞特區的編輯工作，踏出 19 世紀排屋改建的辦公室後，我也加入了遊牧工作族的行列，在家中從事同樣的編輯工作，將標註編輯完成的 PDF 檔案附加在電子郵件上，然後以牛步的網路連線速度寄給老闆。隔年我家人搬到 352 公里外的猶他州聖喬治（St. George），而我也帶上我的編輯工作，後來為當地的城市雜誌撰寫文章。在那後來的二十載，我曾在各式各樣的空間工作：沙發、廚房餐桌、空房裡那張從 Craigslist 分類廣告網站購得的書桌、醫院病床邊的塑膠椅，以及近來在我位於維吉尼亞州黑堡家門前、長寬各 2.4 公尺的辦公室，不論我當下在寫什麼，行經面前的遛狗人和 UPS 快遞貨車的高清畫面，都不免讓我稍微分心走神。

居住在黑堡時，人與地方之間的羈絆連結讓我深深著迷。

2012 年，我因為丈夫工作的關係，不得不跟著搬到這裡，一開始真的非常討厭這個地方，也因此開始對人與地方的關係感興趣。（祕密大公開：我丈夫不是遊牧工作族，所以我們每一次搬家，包括這次搬到維吉尼亞州，多半都是依照他的職業生涯道路而定。）我急著在這個詭異的新世界營造出家的感受，於是開始微幅調整各種個人行為，好讓自己在本地深深扎根，像是基本的散步、到農夫市集買菜、於當地擔任義工。後來，我的努力奏效了，也發現我漸漸發展出科學文獻中提到的地方依附，產生一種「我愛上這裡」的感受，最後甚至還寫了一本書《這裡就是你的歸屬》（*This is Where You Belong*），用意就是幫助曾經跟我一樣對自己居住地抱持矛盾情緒的讀者，漸漸培養出地方依附。[36]

　　這個概念的重點如下：**也許你無法自由選擇居住地，既然如此，何不從中發掘它的美好？在你落地生根的地點開花結果。**

　　這段期間我積極研究地方依附，和成千上萬遷居和留下的人聊天，後來開始對經驗與我南轅北轍、可以自行選擇居住地的人深感興趣。很多人都毫無頭緒，基本上都是閉眼盲選居住地，緊緊抓住自以為能讓自己更快樂幸福的原則（陽光明媚、生活開銷低、最好是政治自由派），卻因為欠缺理性思考各種前因後果，忽略真正重要的要點。光是工作搬遷後要在兩個鄰近郊區之間抉擇，就已經夠頭大了，實在很難想像到哪都能工作落腳的人有多困擾，他們又該如何是好？

　　我的核心理念之一是，只要有心經營，任何城市都可以是對的地方，但這並不表示我們一開始在決定地點時完全不用動腦，不必費心思考。我想要幫你做出適當的地點選擇，等到你搬至新城鎮，就能完全享受地方依附的滋養補湯。

　　我發現，不受地域限制也為地點本身創造出別開生面的局勢，為先前可能從沒有人考慮搬遷的小鎮大城打開一扇大門，迎接全新居民。各個社區搶破頭、角逐供應資源，助力你的事業、財務、心理生活更美好，而這對他們來說就是一種經濟微積分的重新運算。我會在這本書中分享許多勵志故事，像是從堪薩斯州乃至愛爾蘭、阿拉巴馬州至峇里島等地點，是如何歡迎與滋養遊牧工作族和當地人。

　　不受地域限制深具徹底改變全球經濟樣貌的潛質，也可能徹底改變你，就像是艾咪和詹姆斯・赫伯登一樣。

　　2020 年，赫伯登夫婦製作出一份試算表，多方比較衡量收入中位數、房屋中位價、租稅、犯罪率、氣候等因素。（艾咪喜歡溫暖氣候，詹姆斯則偏好涼爽氣候，最後兩人折衷，選擇美國農業部植物耐寒區八以上的地區。）原先艾咪和詹姆斯計畫在前往各地參加工作會議時，趁機在當地開車旅行，可是後來 2020 年疫情爆發，他們不得不取消原定計畫，只能瘋狂騷擾 Google 大神，列出一份各州的探訪短名單：肯塔基州、堪薩斯州、密西西比州、田納西州。艾咪說這種感覺就像是使用交友軟體，你大可在網路上瘋狂搜尋對方背景，但到頭來還是得親自見上一面。

　　他們的地點選擇令人膽戰心驚，由於他們是自僱者，因此設定條件全由自己決定。這對夫妻是真的哪裡都可以去，地球表面約有一萬個自治市可以任君挑選，選擇數量多到令人傻眼。[37]可是，當他們親訪短名單上的地點，田納西州的某樣特質卻正合他們的胃口。肯塔基州邊境一座坐擁 132,000 人口的城市克拉克斯維爾（Clarksville）深深吸引他們，最後這對夫妻在那裡買下一棟房子，空間足足是他們西雅圖公寓的 3 倍之多，每月開銷卻

不到西雅圖的一半。2020 年 11 月喬遷後兩週不到，他們又買了一隻小狗，養雞則還要再緩緩，因為後來他們才發現，養雞需要先獲得市政府的許可，不過最後艾咪美夢成真，雞群也加入他們家庭的行列。

　　這段過程中，詹姆斯和艾咪也有不得不硬著頭皮的時刻。要是這座城鎮不適合我們怎麼辦？要是這棟房子不對呢？他們是否應該繼續找下去？但自從搬到克拉克斯維爾，艾咪說他們已經不能回頭。他們的房子是有些問題沒錯，（誰會製作只放得下一捲錫箔紙的抽屜？）但至少他們現在已經離開西雅圖，重新找回自己遺失的東西，現在只希望田納西州的低生活開銷讓他們可以持續住在當地，長久過著他們夢寐以求的生活。

第 2 章

打破辦公空間，
選對地方很重要

　　麗莎‧柯米恩戈爾（Lisa Comingore）和愛妻蜜雪兒之所以來到佛羅里達州塔拉哈西（Tallahassee），可以說是純屬巧合，麗莎在當地就讀醫學院，之後兩人就沒再離開過。整整十八年來，她們在佛州成家立業，麗莎成為律師，蜜雪兒則是州公務員，兩人都很滿意這裡的生活。[1]

　　後來，在兩次乳癌發作、三場颶風，麗莎在經濟衰退中失業後一蹶不振，塔拉哈西就失去了魔力。颶風「麥可」吹倒一棵樹，坍倒在她們的房屋上，可以說是壓垮她們的最後一根稻草。「壞事接二連三報到，」麗莎說，「說實在話，我們真的受夠了。」

　　儘管一片混沌、夢想破滅，在大夢初醒後的後佛州時代，仍然出現了猶如閃耀燈塔的印第安納州。印第安納州是麗莎和蜜雪兒的成長地，兩人年邁的父母仍住在那裡，好友也四散在該州各地。對於這兩個女子而言，這就好像頓時發現一直與你心心相印的摯友，其實就是你的真愛。「彷彿是一部精采的電影情節，」麗莎說，於是兩人安排遠距工作，在 2019 年 6 月打道回鄉。

　　怎料印第安納州不如預期。在不用煩惱冰天凍地的佛州待過多年後，她們現在得面對中西部暴龍等級的冬日嚴寒，或許只是麗莎的心理投射，但在她少數幾次踏出家門前往商店的路上，路人似乎一臉愁雲慘霧。新冠肺炎爆發後她們不能和親朋好友見面，搬回印第安納州的初衷也失去意義。

　　那現在怎麼辦？她們應該回塔拉哈西嗎？那裡真有那麼糟？蜜雪兒尤其懷念她在佛羅里達州狹地（Panhandle）城市深耕落地的日子。但是身為無家可歸的遊牧工作族，她們醉心於居住地的無限可能，也覺得不該浪費大好機會，反而應該好好探索各地。坦帕（Tampa）目前暫居排行榜前幾名，另外則是俱備悠

長健行步道的喬治亞州北部。「由於我們哪裡都可以住，所以有種選擇多到選不完的感覺。」麗莎說。

可是她認識的人之中，有些人卻把搬家一事看得雲淡風輕，最近有個朋友在臉書上貼文，說他和家人要從印第安納州搬到佛州那不勒斯（Naples）。麗莎詢問他們為何決定離開，對方回答：「噢，妳也知道我們，我們每隔五年就會舉家遷徙至美國另一個角落。」

遊牧工作族的三種類型

為何對某些遊牧工作族來說遷居令人緊張焦慮，對某些人來說又猶如下意識的行動？那是因為**遊牧工作族可以分成三種類型，每一類型在居住地選擇、靈活度、地點決策的想法各不相同。**

四海為家型：隨心所欲，想要探索全世界

這一類人包括數位遊牧民族、以車為家、常常四處搬遷的類型，夢想著把三房住家換成一只浪跡天涯後背包，換句話說這種類型的人隨心所欲，也寧可不對一個地點產生依附心理。一旦有了到哪都能工作的自由，他們往往會把「到哪都能工作」變成「到處都能工作」。他們的格言是：**外面的這個世界寬廣遼闊，我想要探索全世界。**

尋尋覓覓型：一定要找到最適合的地方

　　他們非常重視自己選擇居住地的權利，甚至可能重視過頭。這類型的人熱中研究、訪查城鎮，要是搬家後發現新城鎮不適合自己，他們也許會重新進行整個流程，也可能會深陷在尋覓適合地點的過程之中，無法抽身。在找到最適合的地方前，他們喜歡開放選項。他們的格言是：**最適合的地方就在某處，而我非要找到不可。**

移居安定型：想要落地扎根

　　這個名詞充滿 19 世紀殖民潮的味道，可能讓人聯想到拓荒者在西部大草原找到立足點的畫面，而這完全是移居安定型會做的事。移居安定型會做出遷移某處的決定，有時可能是搬到完全陌生的地方，可能是留在熟悉的地盤，又或是回到久違的家鄉。他們想要的是落地扎根，而這意思或許是他們會購置房產、經營事業、認識鄰居，抑或在當地擔任義工。他們的格言是：**這裡就是我的家。**

　　就某方面來說，**這三種遊牧工作族的類型就是人類與地方發展關係的三階段**。首先，我們會到處認識了解不同地點，接著尋找真正適合自己的地方，最後在一個地方安居樂業。這也很類似 30 歲的戀愛交往，而且和 30 歲的人談感情一樣，過程不見得是有條不紊的直線發展，有時四海為家型會選擇移居安定，尋尋覓覓型放棄尋尋覓覓，搖身一變四海為家型的浪子，移居安定型

也可能不安於室。我在《這裡就是你的歸屬》中解釋過，**沒有一座城鎮適合所有人，只有當下最適合你的城鎮**。隨著人生進展，曾幾何時適合的城鎮可能會讓你覺得不再適合自己，於是我們又從移居安定型搖身一變尋尋覓覓型，重新檢視選點決定時又回到原點。

　　這就是麗莎和蜜雪兒的情況，對於朋友漫不經心的四海為家型作風，每隔五年就搬家、浪跡天涯，她們啞口無言。本質是移居安定型的她們就這麼不情不願地變成尋尋覓覓型，不知怎麼釐清最適合自己的住所。是距離家人不遠的地方好呢？還是有朋友的地方比較好？抑或選一個每年不會被大雪困住好幾個月、踏不出家門的地方？一個可以讓她們隨心所欲登山健行的地方？

　　「我不知道，」和麗莎及蜜雪兒在死寂隆冬中聊到此事時，麗莎如此回答我。這個懸而未決的決定猶如一個卡通問號，漂浮懸掛在她們頭頂，麗莎凝視著我的眼神殷殷期待，彷彿指望我可以幫她解決這道難題，告訴她接下來應該遷居何方。

　　「我也不知道，」我告訴她。

　　「要是妳知道就好了。」

　　她們在決定居住地的煉獄中遊走數月，即便深知她們不喜歡印第安納州，卻也無法確定換個新環境或是回到老地方，情況是否真會好轉。

　　於是，她們痛定思痛、討論深究、製作試算表、分析預算，規劃深入探訪其他城鎮。「釐清應該何去何從的過程就像是原地打轉的旋轉木馬，而我們始終下不了馬背。」麗莎嘆氣。

選擇太多，讓人 FOBO

　　要是你到哪都能工作，面對成千上萬個地點選擇，慎重其事、反覆考慮每個地點的過程感覺令人不安又不符合傳統。你之所以將某座城市拒於門外，理由是⋯⋯這個嘛，恐怕你也說不上來。是因為你曾經讀到某篇文章嗎？還是哪個朋友出差回來後告訴你她有多討厭那裡？而你深受某座城市吸引的原因感覺也同樣神祕難解。為何想住這裡，而不是那裡？誰又曉得？

　　貝瑞・史瓦茲（Barry Schwartz）在 2004 年的著作《只想買條牛仔褲：選的弔詭》（*The Paradox of Choice*）中描述，與其說讓人覺得選擇豐富，無窮無盡的選項恐怕只會引起焦慮超載、分析癱瘓的感受。[2] 想像一下，你人正站在一間鞋店，店內有 3,000 雙可以任君挑選的全新球鞋，表面上看來是一種優勢，但是當你為了足弓機能鞋墊、鞋底、價格點抓破腦袋，優勢就成了惱人的麻煩。踏進鞋店時你本來以為知道自己想要什麼，如今卻幾乎想不起自己要找什麼樣的鞋款，仔細衡量斟酌的每個要素真有那麼重要？還是只是琳琅滿目的選擇讓你覺得非要認真思考各種要素不可？每雙鞋你都得打分數，逼得你不得不疲憊地做出一堆小決定。

　　更糟的是研究顯示，即便已經扣下扳機，下好離手，要是一開始的選擇太多，你對於自己最終的選擇可能不會那麼滿意，內心深處會冒出一個碎唸聲音：「要是其他鞋比較好呢？」或甚至是：「要是我漏掉第 3,001 個選項怎麼辦？」

　　《錯失恐懼》（*Fear of Missing Out, FOMO*）作者派崔克・麥金尼斯（Patrick McGinnis）認為，**FOBO（錯失更優選擇恐懼）**

是錯失恐懼的「潛性雙胞胎」。[3]**發明這兩個名詞的麥金尼斯認為，由於擔心可能還有更好選擇、錯失更優選擇的恐懼症甚至更慘，因為這類型的人最後會不肯做出選擇，舉凡預訂外送晚餐、乃至選擇網飛節目、全新城鎮。雖然不符合常理，但開放選項往往讓人壓力破表，感覺癱瘓、動彈不得。**

正常來說，FOBO 和它的同類是選項繁多衍生的問題，居住在一個可能性無窮無盡的世界的結果。但是人類每天預測大概需要做出 35,000 個決定，也怪不得這麼多人會選擇疲乏、感到筋疲力竭。當我們每天被芝麻綠豆的選擇包圍，花大把時間傷神，面對重大決定時便可能心有餘而力不足。

即便只是在幾個有限選項之中下決定，過程也一樣累人。莉亞・羅芙（Leah Love）和她任職海軍的丈夫每隔三、四年就會收到一份世界城市的據點清單，在十幾個城市中挑選接下來的長期駐紮據點（軍隊術語是 PCS）。2021 年，莉亞在軍隊伴侶創立的臉書社團中尋求眾人意見，畢竟在海軍的小圈子裡，「即使你從未住過某地，還是很可能認識某個曾經住過那裡的人。」她如此告訴我。他們列出的優缺點清單本來就很可觀，獲得各式各樣的意見後更是頭昏眼花，最後他們選擇搬到羅德島，可是也是經歷百般掙扎，絞盡腦汁才得出答案。[4]

對於選擇更多的遊牧工作族來說，決定接下來要住哪裡甚至更讓人疲累。「我覺得，我沒有徹底理解到一件事，那就是找到落腳處有多累人，」艾咪・赫伯登事後回想時說，「說出『沒錯，我是可以到任何地方生活，但我最後選擇要住這裡』真的不簡單。」即便他們成功搬到克拉克斯維爾，她和詹姆斯還是難免胡思亂想，憂心自己是否釀下大錯。[5]

　　其中一個難處就在於，根本沒人清楚解釋過應該如何選擇
居住地，這是一個無人知曉的過程，全要靠遊牧工作族在一片漆
黑中自行摸索。

　　你需要的就是，選點策略。[6]

星巴克效應：地點決定一切，搶得制勝先機

　　地點決定一切，這句房地產用在大企業的老話術，同樣也
能套用在遊牧工作族。只不過公司企業通常比遊牧工作族更懂得
運籌帷幄，發展出選點的標準化流程。

　　就拿星巴克為例。星巴克最早於 1971 年在西雅圖的派克市
場（Pike Place Market）開設首間店面，後來茁壯成全球最大咖
啡連鎖店，這間大規模連鎖店在超過 70 個國家坐擁三萬多個據
點，他們怎麼知道要在哪裡增設店面？因為星巴克設計出一套選
點策略，於是知道根據他們的要素分析，他們最可能在哪些地點
搶得制勝先機。他們的分析如下：

- **該區收入**：開設新店面的門檻就是某區的家庭收入中位
  數必須高達 6 萬美元。
- **年齡層**：80 歲老年人要是願意掏錢，星巴克當然不會拒
  人於千里之外，但是他們理想的顧客族群是介於 18 至
  40 歲的人口，而星巴克會確定一個地區不缺這個樂意掏
  錢買單的年齡層人口。
- **能見度**：星巴克的目標是街區每天的車流量至少要有

25,000 輛汽車，這樣才能刺激拿鐵咖啡的銷售率。由於顧客更可能在上班途中，而不是返家路上買咖啡，因此他們偏好將店面設在街道旁，早上有許多通勤族會行經的位置。

• **商家林立**：星巴克絕對不是孤島。這家咖啡龍頭想要的優質地點必須緊鄰其他成功零售店，才能引來人潮。由於人們喜歡在工作休息時間進來喝一杯咖啡，鄰近辦公大樓園區、大學或工業區的地帶確實更好。

就像是星巴克這樣的公司來說，選點策略的首要條件就是了解目標市場，意思是鎖定願意掏出較多錢買優質咖啡的顧客，並且釐清如何在一般民眾之間找到這批顧客。在大城市裡，你有時可能每隔兩條街就碰到一家星巴克，感覺似乎有點可怕——他們的目標該不會是征服全世界吧？但是打造出熟悉感、踢走其他競爭對手也是該公司的選點策略之一。

對這間咖啡巨頭來說，選點是他們精通深諳的一門藝術，就連星巴克的芳蹤都在所在地的房地產售價上反映出「星巴克效應」。Zillow 找房應用程式的執行長史賓塞·拉斯科夫（Spencer Rascoff）及 Zillow 首席經濟分析師史坦·漢福里斯（Stan Humphries）在他們2015年出版的《Zillow 有話說》（*Zillow Talk*）中聲稱，**要是你住在星巴克 800 公尺內，經年累月下來房價就可望幾乎雙倍翻漲**。短短 17 年間，地點較遠的房屋售價增加 65％，而星巴克附近的房價則是上揚 96％。[7]

有一批死忠追隨者的連鎖超市 Trader Joe's 亦吹噓他們帶動了類似風潮。某研究發現，比起 Aldi 折扣超市，鄰近 Trader

Joe's 的房屋成交價足足高出近 4 倍之多，[8] 而這可能激起許多美國人的熱血，也希望自家附近開一間 Trader Joe's，據悉為了達成目標，當地人在 Change.org 網站發起請願，或是組成諸如「把 Trader Joe's 引進肯塔基州北部」等臉書社團。

不過，超市選點研究專家大衛·立文斯頓（David Livingston）卻說，在 Trader Joe's 網站上填寫「請來我的城市開一家 Trader Joe's」的申請表格可能毫無用武之地。「他們不會因為看見你的請願書，明白了大家都想要一間 Trader Joe's，然後就自動到某地報到擴點，」他在賓州《晨間日報》（*Morning Call*）中向對著 Trader Joe's 猛流口水的粉絲喊話：「唯獨受過教育、擁有高支配所得的人可以撐得起一家 Trader Joe's 的盈利。」[9]

我不是建議你借用咖啡連鎖店或是高檔超市的選點策略，我的意思也不是說這些就是你決定搬家地點的根據，而是你可以跟他們一樣，**將重點放在可以將你推向成功之路的地理要素，研究出屬於你自己的私房選點策略。為達目的，你必須非常清楚你嚮往的美好生活，並清楚選對地點，就可能助你實現願景。**

五練習，找出適合自己的選點策略

那應該怎麼決定哪裡有助於你發達成功？決策過程可能像是進行一場醫學臨床實驗，一個人可能情緒出現起伏，可能條理分明，可能壓力山大，可能滿懷希望。

有的遊牧工作族會製作試算表。

有的人漫無目的，最後跳進網路搜尋的無限黑洞。

有的人會一一詢問他們知道曾住過某座城市的人。

有的人精心策劃、親臨參觀城鎮。

有的人則是閉上雙眼，轉動地球儀，手指到哪就搬到哪。

有的人在內心禱告。

有的人覺得要是可以哪裡都不去最好。

研究顯示，大多遊牧工作族選擇搬遷新址時，通常都能依據實際情況考量，他們在乎的無非是人們理應在乎的條件，好比優質學校、好醫院、價格合理的房子。[10] 可是，我為了本書訪問一百多個人的時候，按照慣例詢問對方最後選擇現居地點的要素是什麼時，他們的答案意外地令人錯愕費解。「我家人就住在附近」是合理答案，但是「我喜歡這裡的天氣」聽起來怎樣？「當地的登山步道很讚」呢？還是「我喜歡這裡的藝術氛圍」？那麼「納稅金額很低」呢？你覺得「我只是想來住住看」聽起來合理嗎？

像艾咪・赫伯登一樣，渴望擁有一片可以養雞、價格親民的土地感覺很合理，但若是與其他因素相比，養雞的比重占了多少？養雞難道會比氣候或生活開銷重要嗎？對於目前沒有孩子、未來可能養兒育女的夫妻來說，養雞的排名應該比附近有好學校來得高嗎？

也許你會考慮組織家庭的基本要件和便利設施，卻不清楚應該如何為各項要素進行排序。直覺告訴你應該把公眾交通運輸排在養雞之前，可是就心理層面來說，養雞卻又棲息在決策階梯的最頂端。

更煩人的是你又不是星巴克，不會到世界各地插旗展店。

唯有6％的美國人擁有第二棟房屋，其他人有一棟就該偷笑了，光是這一點就讓決定地點成了天大的決定。[11]

艾咪和詹姆斯‧赫伯登為了遊牧工作族及搬離西雅圖早已精心策劃多年，即便如此，面對這項決定的浩大規模時，恐懼感依舊不由自主爬上心頭。「沒有限制反而讓決定變得困難，一想到做選擇，我們就一個頭兩個大。」艾咪說。

這種情況下很可能導致誤判，好比衝動倉促地做出決定，閉上雙眼，隨便指向地球儀，用這種方式草率下決定，再不然就是逃避現實，盡可能使出拖延戰術，不去做決定，以免自己承受不了。

究竟該如何找出適合自己的選點策略？我們會在本章最後一起做幾項練習，幫你決定對你而言最重要的地點要素。說的永遠比做的容易，事實上根本沒人可以告訴你應該怎麼想，就連我也沒辦法，因此你得探入自己的內心深處尋找答案，發掘哪種環境最適合現在的你（也許還有你的伴侶、孩子，或是任何準備和你一起搬家的人）。

首先要做的就是，釐清你究竟是否應該搬家。以下是第一項練習，用意是幫你找到這個問題的解答，接著我們會進行第二、三、四、五項練習，深入考量其他要素。你可以在melodywarnick.com網站中免費下載練習簿，並在練習簿一一記錄下你的資料。

練習一：你應該搬家嗎？

雖說你到哪都能工作，但這並不表示你就得離開自己的現

居地，既然你想住哪裡都可以，當然也包括你現在落腳的城市！

　　不過你可能還是禁不起誘惑，就像耳邊一直有隻蚊子不停嗡嗡作響。或許你應該認真思考，對你和自己所愛的人來說，搬遷是否為正確決定。以下是幫你釐清答案的問題：

1. 你現在有非搬不可的理由嗎？還是有非留下不可的理由？
2. 你常常想著搬家嗎？
3. 你內心有想要搬遷的地點嗎？
4. 你可以想像五年後，繼續住在目前的居住地嗎？二十年後呢？
5. 你覺得這個地方適合你嗎？符合你希望成為的那個人？
6. 你在這裡生活的感受多半為何？開心？憤怒？平靜？壓力？充滿靈感？你覺得換了一個地點是否會不一樣？環境裡有哪些要素激起你這些感受？
7. 自從搬到這裡之後，你哪裡變了？是否比過去的自己還要好？
8. 在這裡哪些事讓你感覺開心？現居地讓你開心的要素若是列成清單，會有多長？
9. 你對於這個地點最想抱怨的五件事是什麼？有你絕對無法接受的事嗎？
10. 你確定搬到新環境後，在這裡最困擾你的問題就不會再發生？
11. 你是逃離自己不喜歡的事物，還是奔向讓你興奮期待的事物？

12. 你在新環境是否有維持生計的經濟能力？

13. 要是下週就搬家，你最想念這個社區的哪個人？

14. 你的現居地是否能提供你人生現階段最需要或想要的事物？

15. 要是持續住在這裡，你是否能夠達成個人目標、實現野心嗎？

16. 家人對於你搬家的看法為何？支持與否？如果答案是不，搬家後的潛在好處是否值得換取他們短暫的不滿？

17. 你覺得換個地方生活，會帶來哪些不同？是否不用大老遠搬到其他地方，就可能改變部分生活？是否在當地換新家就夠，不需要搬到另一個地點？

18. 搬家後最大的風險為何（譬如人際關係、社會資本的損失）？不搬家的風險為何（也許是無法鄰近家人或存款損失）？

19. 要是真的搬家了，你可以想自己可能有哪些悔恨嗎？不搬家會為了什麼後悔？

20. 如果你製作一份留下和搬家的優缺點清單，哪一份清單比較長？

　　這不是 BuzzFeed 的趣味測驗，所以按下選擇後並不會立刻跳出答案，告訴你應該搬家還是留下，但是我希望你在思考問題的過程中萌生感受和想法，讓你明白究竟是搬家抑或續住現居地對你的幫助較大。

　　如果你已經決定現在不打算搬家，那也很好，直接放下這本書，繼續過回原本的生活，心滿意足地知道你是經過深思熟慮

做出留下的決定，至少目前如此。

　　還是很迷茫嗎？不用擔心，完成接下來幾個練習，或許能幫你釐清思路。

練習二：寫下你住過的地方

　　截至目前，你可能已經輾轉住過幾個地方，而這些經驗可以提供你些許概念，指出你大概會喜歡或厭惡的地點。

1. 依照年份一一列出你曾經住過的地點，可以寫在紙上、線上文件檔案。
2. 依據你的印象，寫下你想到自己住過的地方時腦中第一個浮現的想法。想到那個地方時你是感覺溫暖？安全？恐慌？沮喪？懷念？渴望？還是幸福得不得了？一般來說，不管是好是壞，浮現腦海的想法都和你在那裡生活的經驗息息相關。想到父母離異當下你居住的城鎮，可能會喚醒你內心深處的陰暗回憶，但這絕對不是地點本身不好，而是因為你在那個人生階段的投射。大可不必試著挑出這些不同要素，現在的你只需要捉住思考某地時浮現腦海的感受。
3. 進一步深入探究你在這些地方的美好。也許你熱愛 20 歲那年在巴黎當交換學生時，感受到各種戀愛的可能性，或是懷念愛荷華州小鎮的簡樸生活。
4. 思考這個地方的缺點。你是很愛巴黎，卻痛恨老是勢利眼地上下打量你衣著的巴黎人。想一想你過去居住過的

地方哪裡不合你意。

5. 製作一份你觀察到共同要素的愛恨清單。也許你注意到最美好的經驗總是發生在大城市，或是你最快樂的回憶都不脫與家人密切相聚的時光，這麼一來，你是否已經可以推斷出接下來應該融入的選點策略？

練習三：你的地點價值為何？

　　一旦加入個人價值，重大決定多半就會變得容易。安・博吉爾（Anne Bogel）在著作《別想了，好好生活吧》（*Don't Overthink It*）中描述，在決定該送孩子上哪所高中時，她也是採用相同做法。一開始她難以取捨 A 校抑或 B 校，可是後來她想起自己的核心價值是與鄰里的關係，而她們全家之所以選擇搬到這裡定居，正是因為社區規模小，鄰居親和友善，而且徒步就可到達許多地點。一想到這裡，選擇馬上變得明顯，最後她選擇送孩子去離家最近的那所高中。[12]

　　同理，決定居住地時，找出並套用個人價值觀，選點策略就會變得更清晰，由於所做出的決定符合個人價值觀，我們也因此心滿意足。

　　從下列清單中選擇五項對你而言最重要的選點策略價值。想要的話，你也可以將以下價值依照重要性進行排序，有想到其他價值亦可自行補上。

富足	成就	冒險
野心	自主	平衡

美感	歸屬感	平靜
慈善	公民參與	協作
承諾	社群	貢獻
合作	創意	文化
多元性	環境	優異
公平	信仰	家庭
彈性	友情	趣味
慷慨	成長	快樂
健康	獨立	獨特性
喜悅	善意	領導
學習	愛	影響力
動力	思想開明	原創性
和平	權力	預備狀態
目的性	認可	人際關係
安全	自我掌控	服務
簡單	靈性	穩定性
成功	團隊合作	傳統
願景	安康	工作

練習四：適合你的地方是什麼模樣？

在精采絕倫、巧富哲思的情境喜劇《良善之地》（*The Good*

Place）中，剛過世的地球居民來到二等天堂生活，那裡充滿吃到飽的優格冰淇淋和小狗派對。以下小小暴雷劇透：後來他們才發現所謂的良善之地根本不是天堂，不過這場思想實驗倒還是很有用！

如果今天你是建築師，可以打造屬於你個人的良善之地，那會是什麼模樣？你會怎麼描述這個地方？空氣中散發著什麼樣的氛圍？空間範圍有多大？永遠不缺乏哪種食物？你會和哪種人生活？休閒娛樂是什麼？你覺得這個地方還需要什麼元素才算完美？你可以運用你從練習二得到的答案，引領你進一步思索什麼樣的社群能讓你如魚得水。

不，獨角獸般的夢幻城市並不存在，但是藉由仔細想像一座滿足你所有願望的城市，你也許就能在尋覓真實落腳的城市時知道自己應該參考哪些特質。

練習五：你不能接受什麼？

在腦海中打造出美好生活後，你就可以進一步思考創造美好人生的策略，是否非買便宜的住房不可？絕對要有排名靠前的小學？四季如春的氣候？如果你不能擁有一切，有哪些要素是非有不可？哪些則是非必要？

如果你還在打造選點策略階段的初期，可以使用下列表單提出大框架的問題，例如哪項要素很重要，哪些不是必要、但要是有也很好。X 對我有多重要？我在意有沒有 Y 嗎？接著再依據重要性，將這些要素進行排序。

如果你還是苦苦選不出地點，想要更深入探尋答案，可以

試著為每項要素從一至十打分數，根據你覺得對未來地點重要的選點要素一一排序，打造自己的排名順序系統，一分代表你完全不在乎，十分代表是生活中不可或缺的要素。

　　對於這些要素的個人感受並沒有是非對錯（不過稍後本書會更深入討論為何某些要素更可能影響你對一個地方的滿意度）。現在你只需要放開胸襟，感受你最真實的直覺反應，聽一聽它們告訴你，你究竟想要什麼。

基本要素

- **基礎建設：**當地馬路、高速公路、橋梁、排水系統、自來水、電力線的狀態是否良好？社區是否提供充足的公共財資助？服務收費是否合理？

- **網路連線：**是否有光纖或寬頻網路？上傳和下載資料時，城裡的網路速度有多快？高速網路是否唾手可得？費用多少？

- **安全：**竊盜乃至人身侵犯等不同類型的犯罪率是否常見？當地警察行事是否有效率？

- **醫療照護：**提供緊急治療的健保設施離你多近？是否有特殊照護中心？該地區高水準或特殊科別的醫師、牙醫、心理健康治療師是否充足，符合你的需求？

生活開銷

- **整體生活開銷：**住在這座城市有多貴？跟你現在居住的地方相比會貴嗎？跟全國（或世界）相比呢？

- **房價負擔能力：**你是否付得起平均租金？買得起一棟住

　　房？當地是否有你負擔得起的住家？

- **住宅存量**：房屋住宅屬於哪種類型？你負擔得起後院或地下室等你重視的設施嗎？
- **稅收**：你要支付哪些州稅和地方稅？
- **其他花費**：你是否負擔得起你在意的事物，例如去餐廳用餐或娛樂消費？是否還有你沒考慮到的全新開銷，好比空調或暖氣燃油？

環境

- **氣候**：這裡的平均氣候型態如何？換季時天氣是否會劇烈轉變？未來十或二十年可能經歷什麼樣的氣候變遷？全年的平均氣溫和極端高低溫分別為何？一般降雨和降雪量是多少？
- **天然災害**：該區常見的天災有哪些？有多常發生？需要採取的應對措施為何（例如購買洪災保險或每逢野火季就要預備撤離）？在不久的將來，氣候變遷是否可能對當地天災造成影響？
- **美景**：當地景觀是什麼類型？包括住宅單位和當地建築等，該區的美感是否符合你的審美觀與個人需求？你距離海邊或高山有多近？天然和人造區域是否種植樹木花卉？
- **戶外設施**：登山步道、河川、公園、湖泊等戶外休閒設施是否唾手可得？這類資源是否獲得妥當照顧？使用率高？
- **可續性**：當地的回收是否方便？有無太陽能、風力等替

代能源，抑或電動車充電站？

- **空氣品質**：空氣是否清淨？是否有長期污染源頭？

居民人口

- **規模**：當地居民有多少？人口密度為何？
- **鄰近親朋好友**：對你最重要的人距離你多近，例如：父母、祖父母、兄弟姊妹、長大成年的孩子、死黨、大學室友？
- **人口統計**：居民的平均歲數是幾歲？多半是已婚或單身？多少人有孩子？老年人占了多少比例？
- **多元性**：該社群的人種、文化、民族、社經地位、性別認同、性向、政治、宗教有多廣泛多元？你屬於多數或少數族群？該社區對於和你背景相同的人心態有多開放？對於與你不同的族群又有多開放？
- **政治**：上一場選舉中，該社區的投票狀況為何？住戶是否傾向某極端政治光譜，抑或擁有各種不同聲音？市長等市民領袖是否帶著某種政治立場參加競選？市議會是否政治多元？
- **交友**：有哪些可供新人融入社群的場合（俱樂部、社區活動）？當地人都是在哪裡聚首碰面？你覺得是否容易在當地交到第一個朋友？
- **人際關係**：如果你現在單身，這裡有談戀愛的機會嗎？是否有發展關係的潛質對象？你是否有認識新對象的實際管道？
- **人物**：社區成員都是什麼樣的人？對他們來說什麼最重

要？你可以想像和他們有共通點嗎？

交通

- **大眾運輸**：是否有公車或地鐵系統等簡易平價又可靠的大眾運輸工具？是否可以讓你減少用車？
- **交通**：該地交通是否經常堵塞？為了取得必要服務，你是否需要常常開車上高速公路或主要幹道？
- **徒步可行性**：只需走路或騎單車就能取得必要服務嗎？
- **行動便利性**：行動不便或乘坐輪椅的人是否易於社區穿梭通行？
- **鄰近大型機場**：最近的國際機場距離你有多近？當地是否為交通中心樞紐？來回機場的花費是否高昂？

工作與教育

- **教育**：當地學校如何？排名多少？是否有協助特殊需求孩童的課程？
- **課外活動**：是否有適合孩子與成人進行的活動，譬如各種不同類型的課程、營區、社區運動聯盟？
- **當地商業團體**：是否有經營人脈網絡或事業發展的機會？當地經濟是否蓬勃發展？是否張開雙臂歡迎新人？
- **同事**：社區中是否已有你的同行？當地是否有共享工作空間？
- **就業市場**：附近是否有你屬於個人領域的辦公室職缺？等到你的孩子年紀夠大、放學後或是想要暑期打工時，是否找得到工作？

- **大學**：附近是否有大學院校？是否提供進修教育的機會？校園是否會舉辦公開演講和演奏會？
- **證照**：你是否需要全新證照或執照才能在別處（例如執教鞭或當律師）就業？
- **圖書館**：公共圖書館資金是否充裕？藏書豐富？使用率高？
- **育幼托嬰**：當地有哪些育幼托嬰服務？花費多少？是否隨時申請得到？或是要先登記等待名單？

樂趣

- **健康**：該社區投注多少空間與經費打造你喜歡的休閒活動？是否設有你偏好的運動場所？
- **食物**：是否買得到你最喜歡的食品、享受你最愛的美食經驗？當地的餐廳文化是否活躍？是否買得到你的常用食材？是否經常舉辦農夫市集？食材都是當地種植的嗎？自己種植食材容易嗎？是否有你喜歡的超級市場？
- **文化**：是否可以常常去戲院、演唱會、藝術展覽、話劇、現場表演？票價是否合理？
- **購物**：你在這座城鎮買得到你所需要、想要、喜歡的東西嗎？
- **比鄰當地都會區**：最鄰近的大城距離你有多遠？該城有哪些設施？
- **服務參與機會**：是否有在當地擔任義工、參選市政首長或其他服務機會？
- **靈性成長**：當地是否有你的信仰傳統團體？

- **不可測要素**：你可以在這裡從事讓你開心滿足的活動嗎？會比你的現居地容易抑或困難？

釐清自己的身分和欲望

規劃選點策略令人心力交瘁，絲毫不輸規劃出完整的人生計畫，因為不是選擇城市那麼簡單，而是釐清自己的身分和欲望。如果你完成本章練習，代表你已經費心勞神地檢視過自我感受、經驗、身分、價值觀、目標、欲望、最後或許更清楚什麼是最適合自己的地點和人生。

在第 13 章，我們會談到如何將開竅頓悟的想法化為實際決策，包括要是伴侶不贊成，該如何與對方溝通協調。還有另一件值得思考的重點，那就是身為遊牧工作族，你走到哪裡事業就帶到哪裡，而你的選點策略既是人生規劃，也是事業道路，該如何融合這兩者非常值得深思熟慮。

第 3 章

你住的城市，
就是你的辦公室

　　奧勒岡州有座小鎮叫雷莫特（Remote，與「遠距」是同一個字），其實稱之為「小鎮」是有點誇大其詞，雷莫特是奧勒岡州西南方的一座獨立小村莊，居民只有小貓兩三隻，對他們而言，42 號公路上的複合式商店、加油站、郵局就是文明中心。

　　可是根據布萊恩・費爾德曼（Brian Feldman）的說法，2020年某段期間，奧勒岡州雷莫特卻無心插柳地成為「美國就業重鎮」。費爾德曼在他的科技電子報 BNet 上談及一個奇特現象，他注意到 LinkedIn 或 Monster 等人才求職網站轉貼線上遠距工作職缺時，職務名稱要是有「遠距」兩字，就會自動貼上一個真實的地理標籤：奧勒岡州雷莫特。[1]

　　當然，這只是數據抓取時無心的技術失誤，費爾德曼描述，「最好真有成千上萬間公司企業來到這座託高速公路之福、已無人開車行經的小鎮，在當地少得可憐的三棟建物中辦公執業」。但在那令人振奮的短短一瞬間，還真的彷彿網飛全端工程師職缺要求你打包行囊、搬到這個位在科奎爾河畔的小地方。至於科奎爾河也和雷莫特一樣，說穿了只有名字厲害，其實沒什麼驚人之處。

　　我喜歡想像人們一窩蜂乖乖地轉調至奧勒岡州，展開全新的遠距工作。這並非他們個人的選擇，而是工作就在那裡，所以不得不去。

　　但情況正好相反，不幸的遠距工作者必須自行釐清兩件事：

1. **最宜居的地方**
2. **最適合工作的地點**

你不只是選擇一座宜居小鎮，同時也是選擇一座充當辦公室的小鎮。

地點的矛盾之處：住哪應該沒差？

要是你到哪都能工作，不是人人都贊成究竟在哪工作很重要。正如作家丹尼爾·品克（Daniel H. Pink）所言：「要是你哪裡都可以去，你人究竟在哪裡就不那麼重要。」[2]

五十年前，你得親自前往某處就讀大學才能取得大學學位，可是現在有太多遠距課程可選，讓你不用踏進校園半步，即使人在 4,800 公里外，依舊能取得工商管理學位。同理，曾幾何時全職工作也要求員工窩在小小的辦公室隔間，強制規定本人親自到公司上班，可是現在你大可在波斯曼（Boseman）或布里斯本開 Zoom 視訊會議，隨選一個背景，遮掩你壓根不在附近的事實。**良好的網路連線消弭了千里距離，現在職場完全線上化，實際的辦公室空間都改建成公寓大樓，地點也漸漸淡出，變成朦朧模糊、無足輕重的存在，既然如此，誰會在乎你究竟在哪裡工作？鳥不生蛋的地方？走到哪工作到哪？這兩者之間真的有差別嗎？**

史蒂芬妮·斯托里（Stephanie Story）於 2015 年出版的小說處女作《油畫與大理石》（*Oil and Marble*）劇情講述達文西和米開朗基羅的驚悚故事，小說獲得超高評價，她本人也同意這個說法。同年，史蒂芬妮脫手她和演員丈夫麥可·甘多菲（Mike Gandolfi）的洛杉磯公寓大樓，展開漫遊人生。

這對夫妻就這麼離開了。他們多年來住在好萊塢附近，為

的就是麥可的情境喜劇創作及演員生涯，同時也讓史蒂芬妮能以自由製作人的身分製作阿塞尼奧‧霍爾（Arsenio Hall's）等脫口秀。可是他們發現近年來加州的電視工作量遞減，現在工作多半分散在溫哥華、亞特蘭大、紐約。「你永遠猜不到下一部製作節目會在哪裡開拍。」史蒂芬妮說。她計畫自費一場跨國巡迴簽書會，之後前往歐洲，為了下一部小說進行研究，於是她心想：「我為何要同時負擔巡迴簽書會費用和房貸？」要是居無定所，哪裡有工作，她和麥可就去那裡。

接下來五年間，他們去了許多地方。史蒂芬妮和麥可大多都是拎著皮箱入住 Airbnb 或萬豪酒店（保持品牌忠誠度大有好處，這樣他們就曉得怎麼保持遠距電視工作）。他們偶爾也會承租一套公寓數月，史蒂芬妮接下非營利組織的合約工作時，在華盛頓哥倫比亞特區就是短租公寓。身為四海為家型的小說家和演員，他們累積了不少駕駛里程碑，三不五時造訪技師，維修福特 C-Max 碎裂的擋風玻璃，就算是他們遊牧生活的居家修繕。

新冠病毒襲擊時，雖然是一場意外，但他們卻也樂於暫緩長期漂泊的生活，讓他們想起過去在某地安定的原因。他們在史蒂芬妮爸媽位於阿肯色州家中的日常對話，開始圍繞著疫情結束後打算在哪定居的話題。不論最後選擇的是波德（太小）、奧斯汀（太熱），或是洛杉磯（有地震，外加逐年延長的野火季，白雪般的灰燼從天而降），史蒂芬妮都心中有數，他們最後絕對不會安定待在一個居所，如果保持半漂泊狀態，他們就不必妥協。

再說史蒂芬妮和麥可想要保持靈活彈性，他們選點策略清單的重點就是必須鄰近機場，好讓他們可以依照工作需求前往遙遠角落。他們選擇的是依據個人情況、無論在哪裡都能工作的漫

遊人生。[3]

3,620 萬個美國人中，有不少人期待到了 2025 年可以遠距工作（自從新冠病毒爆發後，這個數據就提升 87％），也對定居某地半信半疑，他們相信到哪都能工作最重要的就是，人住在哪裡並不重要，至少以工作來看是如此。[4]

但真是如此嗎？在芝加哥或清邁從事同一份線上行銷，是否存在著定性差別？從法國南特或內布拉斯加州小鎮致電一名客戶會有差嗎？是天壤之別還是完全沒差？有可能同時沒差也有差嗎？

這就是地點的矛盾之處：在現代工作的世界裡，地點似乎與我們的成就息息相關，也似乎完全無關緊要，通常是兩者多少都有，可是證據顯示，**地點對於工作生活的影響超乎你的想像**。

環境，決定一個人的創意和成就

幾年前，一群哈佛經濟學家提出一道問題：美國的發明家俱備哪些背景？

科學革新是美國經濟成長的一大驅動力，研究員想要找出可能推動革新的環境因素，於是著手分析 1996 年至 2014 年間的美國專利申請紀錄，經濟學家亞歷山大・貝爾（Alexander Bell）、拉吉・切提（Raj Chetty）、薩維爾・賈拉威爾（Xavier Jararvel）、奈薇亞娜・皮特科娃（Neviana Petkova）及約翰・泛・芮內恩（John Van Reenen）建立資料庫，追蹤 120 萬名發明家從出生到成年的人生歷程，並區分他們的種族、階級、性別，以及

最重要的：他們的所在地。

可惜的是，人口統計依舊是發明家養成的預測值。白人小孩成為發明家的比例是黑人小孩的 3 倍，男性發明家又是女性的 4 倍，若你的父母是位居薪資金字塔最頂端的 1％，那麼你變成成功發明家的機率就是家庭收入低於中位數的孩子的 10 倍，然而以上這些數據都不足以大驚小怪。

研究一部分指出更有趣的結果：你成長的地點大有關聯。

如果你是在發明家如雲的地方長大，從小就耳濡目染，接觸他們的點子和創新的可能性，或許你也更有機會成為發明家。

地點甚至取決你發想的創新發明類型。在美國軟體首都矽谷長大的小孩擁有電腦相關專利的機率大幅超越其他地方，換作在滿街都是醫療器材製造商的明尼阿波利斯（Minneapolis）長大……你猜對了！專利就可能是醫療器材相關的發明。[5]

拉吉‧切提和他的同事也研究孩子成長的環境是否會影響他們的收入流動性，舉個例子，他們發現比起在加州或德州長大的小孩，在密西根州或內華達州出生長大的小孩，收入較難超越父母。[6] 由於研究顯示社區內的收入差距會導致孩童在校內的表現落差，所以這種連結不言而喻。[7]

這項關於革新的全新發現卻略不相同，也就是哈佛經濟學家所謂的「暴露結果」，[8] 這項發現證實了出身背景會形塑我們，影響我們的思維、感興趣的事物、自我未來的可能性，甚至最重要的，讓你踏上發明醫療器材而不是全新電腦科技的關鍵。社區環境在在形塑我們個人發展的機會。

你的成長地點會影響你最後從事的工作，你的現居地也一樣。當野心遇上恰好可以孕育培養野心的環境，就會碰撞出化學

反應。

　　想像一下，文藝復興時期的佛羅倫斯正是一個理想案例，體現出重視人才、積極發展當地人才的環境，因此諸如達文西和米開朗基羅的偉大藝術家和思想家誕生在這一座擁有蜿蜒小徑的義大利城市，也不是純粹巧合。環境推動他們進步功不可沒，要是換作是列支敦斯登或米蘭，達文西是否還能完整發揮個人潛質，創造出登峰造極的蒙娜麗莎，就不得而知了。但即使到了今日，他的成功似乎還是與創作環境存在直接關聯。[9] 這一點足以讓身為遊牧工作族的你稍微體認到，**你的工作環境絕對會對你的成就造成影響**。

　　「如果和達文西一樣天賦異稟的人都跳脫不了環境要素，你覺得你可以嗎？」新創加速器公司 Y Combinator 的創辦人保羅・格雷厄姆（Paul Graham）在他的同名部落格寫道：「你以為只要意志力夠堅定就成得了大事，人定勝天，你戰勝得了環境，居住地最多只會造成兩個百分比的落差，可是綜觀這項歷史證據，環境的影響力恐怕比想像的強大。」[10]

　　你個人的奮鬥史或許足以證實環境的重要性，而且重要程度可能連你自己都始料未及。就我個人而言，在華盛頓哥倫比亞特區等世界級大城展開曇花一現的審稿事業，確實讓我更野心勃勃，可是另一方面來說，這座城市人口稠密，反而讓我距離實際目標遙遠。我二十出頭住在哥倫比亞特區時，當地共有 480 萬居民。我很清楚自己想要寫作，偏偏當地的親子教養雜誌競爭激烈，工作名額有限。後來我是在搬到猶他州南部的田園鄉間，在沒太多競爭的情況下鼓起勇氣，開始為一間當地雜誌社撰文。雖然這份工作沒什麼了不起，薪水也不高，至少讓我有個我最需要

的起頭。

　　同樣的神祕力量也可能左右你的事業道路，**居住地在在形塑著你的事業發展，只是你沒有察覺居住地是怎麼影響著你對於工作的想法罷了，諸如工作內容、行事作風、花費時間、你有多在意這份工作，而這些都背負著多年來你在某地打拚事業的印記。** 雖然單純就邏輯來看，對於到哪都能工作的員工、自由接案者、企業家來說，執業的環境並非重點，但是以行為、心理、情感、財務等方面來看，確實舉足輕重。

　　如果身為到哪都能工作的你懂得聰明慎選自己的居住地、決定你的當地參與，你所處的環境確實可能助你一臂之力，幫你解鎖更高成就、發財致富、發揮創意、創造無價連結、組成社群團體、取得事業與生活的平衡、發掘更多自我滿足、形成深具意義的影響力、打造你真正渴望的事業生涯，盡自己全力發揮潛能。

利用社區，強化職涯資源

　　幾年前，臉書人力資源部門的洛莉・高勒（Lori Goler）、賈內兒・蓋爾（Janelle Gale）、布黎恩・哈林頓（Brynn Harrington）和華頓商學院（Wharton Business School）教授亞當・葛蘭特（Adam Grant）聯手解密，深入探究科技公司職員的驅動力。難不成是平均 12 萬美元的年薪？還是披薩吃到飽、設有優格冰淇淋吧台的員工餐廳？是什麼讓他們心滿意足、樂在工作？[11]

　　篩選過成千上萬名臉書全球職員的調查答案後，他們發現

員工有三大工作動機，[12] 在此粗分為職業、人際、目的性。

職業的意思是滿意自己的實際工作內容，職員想要一份可以提供他們學習機會的工作，讓他們逐日成長、增強個人實力。

人際指的是，職員想要自己在職場上受到其他員工和高層的尊重和器重，他們希望與身分類似導師的老闆及成為朋友的同事關係緊密良好，產生身為大型團體一分子的歸屬感。

目的性代表職員感覺他們能創造出具有意義的影響力，無論從事哪種行業，員工都希望工作符合個人價值觀與使命感，深知自己的貢獻可為世界帶來正面影響。

臉書研究亦反映出蓋洛普公司早已發現的千禧世代現象，千禧世代打破了既定印象，顛覆職員對工作應該有的期待。首先，蓋洛普調查員發現千禧世代想要的是一份穩定薪資，他們的教育程度較高，學生貸款比前幾代高，同時也希望對自己的工作充滿熱忱，他們希望工作能孕育滋養自我，讓他們在持續不斷的指導和訓練中，增強自己本身早已俱備的實力和技能，要是自己的工作能為世界帶來正面貢獻，他們也會感到深深的滿足。這就是所謂的職業、人事、目的性。

有趣的是臉書研究亦顯示，希望從職業、人事、目的性中獲得成就感並不僅限於千禧世代或 Z 世代，葛蘭特、高勒、蓋爾、哈林頓並未發現不同年齡組之間存在劇烈落差。由於年輕員工是甫踏進職場的新鮮人，對職業的感受較強烈，然而隨著年齡增長，目的性逐漸成為他們的重點。他們在《哈佛商業評論》（*Harvard Business Review*）中表示：「不過整體來說，年齡組之間的落差微乎其微，而且不限於臉書公司內部，一份美國跨世代的全國代表性研究中，千禧世代、嬰兒潮世代、X 世代都擁有

相同的工作核心價值，而且重要性的排列順序也往往相同。」[13]

職業、人事、目的性等三大驅動力會影響職員，他們可能因此卓越出眾，也可能毀了績效表現評估，無論是身在紐約辦公室或吉隆坡都一樣，行銷人員也好，軟體開發工程師也罷。每項要素的比重可能因人而異，略微不同，但整體來說員工的目標明顯雷同。該研究的幾位作家下此結論：「誰不指望找到一份好事業、對的人、滿滿的工作動機。」

更明確來說，我們莫不盼望在事業上找到好工作、欣賞自己的伯樂、驅動力，卻不是人人都找得到。2020 年，樂於工作的美國員工，也就是對自己的工作充滿幹勁、全心全意投入事業與職場的勞工比例大約落在 36％上下。15％的員工完全提不起勁，即使不像電視劇《公園與休憩》（*Park and Recreation*）中的艾波，處心積慮毀掉自己的職場生涯，他們的工作態度也是敷衍了事。每分每秒都有約莫一半美國人口想著換工作或轉換事業跑道。[14]

這麼多人不滿意自己的工作，也許其中一個原因是我們對職場的期望太高。我們期待在職業、人際、目的性中覓得快樂或圓滿，偏偏辦公室承受不了員工這等期待的負荷，滿足不了所有想望。

但是換個方向思考，一個社區環境倒可能辦得到。

對於一名遊牧工作族，你的居住地能夠兼顧兩者，既是你的家，也是你的辦公室，一舉兩得。你不用浪擲光陰在每日通勤上，也不用連續八個小時以上坐在辦公室，更有餘裕與你的居住地相處。與其將大把白天光陰耗費在同事身上，你可以常常和當地朋友與鄰居面對面，由於到哪都能工作，你的居住地和職場自動壓縮成一個具有價值的環境。

　　要是我們不再執著，只仰賴工作帶給我們百分之百的職業、人際、目的性經驗，為人生感到滿意，轉而從居住城市尋覓職業、人際、目的性的經驗呢？要是我們轉換思維，將一部分的動機和情感滿足寄託在地方社區的參與，而不只是職場呢？要是我們開始把居住城鎮當作自己的辦公室，會是什麼樣呢？

　　如同紳士養成指南（Art of Manliness）網站創辦人布萊特（Brett）和凱特・麥凱（Kate McKay）所言，做法就是在自己的居住地開闢天地。所謂工欲善其事，必先利其器，他們寫道：「說到打造非凡精采的人生，你所『開闢的天地』就是你選擇的居住地，就和傳統工匠一樣，這裡必定要提供你優良的工具與環境，配備一應俱全，好讓你解鎖發揮所有潛能。」[15]

　　我不是建議你在主要大街上架設一個辦公室小隔間，或是在當地咖啡廳最愛的桌前張貼一張激勵人心的貓咪海報，而是應該開始把自己的城鎮當作一種強化個人職業生涯的資源。你的居住地必須鞏固成功的欲望，串連你和當地居民，讓他們成為你真正的同事兼導師，而你的心靈感到富足，鼓勵你展開全新事業或回饋當地的工作。這樣一來，你甚至可能節省荷包，進帳滿滿。

　　將職業、人際、目的性的成就公式納入個人選點策略，你就能一箭雙鵰，實現事業更上一層樓和生活美滿的雙重目標。我接下來會在本書中分享範例，說明地點環境是如何協助遊牧工作族達成以下目標：

- 認同
- 財富
- 創業力

- 人脈連結
- 創意
- 冒險
- 學習
- 幸福
- 目的性

　　如果你是正在選擇居住地的尋尋覓覓型，就會學會將以上要素融入自己的選點策略，讓居住城鎮助你一臂之力，幫你解鎖職業、人際、目的性的成就。

　　如果你是還沒準備在某處停泊的四海為家型，也能從中獲得構想，了解應該如何利用暫時居住的社區資源，擴展你繼續漂泊流浪的能力。

　　如果你是移居安定型，目前也已經搬到一個地方，看看你的社區還有哪些可以幫助你成功的方法，你會學到如何將身心靈投入當地，讓自己的城鎮更進步美好，同時為他人貢獻。

　　本書會提供許多實例，譬如遊牧工作族是如何選擇居住城鎮，以及他們受到城鎮哪些影響，並且提供包含實際建議的選點策略課堂，以及為社群成功案例劃重點的地點個案研究。

　　如果你是遊牧工作族，我相信你從社區環境獲得的好處應該比其他人多，而具有選擇地點的能力就是主因，我將會在以下章節一一闡釋說明。

第 4 章

成為大城小鎮的
搶手貨

選點策略價值：認同

2020 年 6 月某個早晨，麥坎希・科托斯（Mackenzie Cottles）在 Zoom 視訊會議中露出笑容，告訴一對來自紐約市的夫妻，住在阿拉巴馬州肖爾斯（Shoals）是多麼美妙的經驗。「我們老是說我們是世界第一座音樂之都。」她說。

艾瑞莎・弗蘭克林（Aretha Franklin）和滾石合唱團（the Rolling Stones）就是在肖爾斯的名人堂錄音室（Fame Recording Studios）製作專輯唱片。距離名人堂錄音室的不遠處，肖爾斯音樂節（ShoalsFest）於 2019 年首度登場，主要演唱嘉賓有傑森・伊斯貝爾（Jason Isbell）和雪瑞兒・可洛（Sheryl Crow）。你在當地的藝術節、美國原住民慶祝會、文藝復興節上，都聽得見音樂的旋律，例外恐怕只有塔斯坎比亞（Tuscumbia）農莊每年舉行的海倫凱勒節，而安妮・蘇利文（Annie Sullivan）就是在這裡教當年 6 歲的海倫・凱勒手語。對於 15 萬名分散田納西河岸四座小鎮的肖爾斯居民來說，當地確實有許多值得慶祝讚揚的事蹟。

麥坎希事後回想，其實這對來自紐約的夫妻不需要任何人的說服，因為疫情之故，他們受困小不拉嘰的公寓，動彈不得，只能分頭坐在餐桌兩端，盯著自己的筆記型電腦，與此同時揮別紐約的渴求不斷攀升。由於他們的工作轉為遠距進行，因此可以說走就走。摸索搜尋的過程中，他們碰巧發現肖爾斯遠距計畫（Remote Shoals），該計畫供應 1 萬美元給遠距工作者，鼓勵他們搬到這塊幾乎僅有阿拉巴馬州當地人聽過的腹地。

2019 年 6 月，肖爾斯經濟發展局（Shoals Economic

Development Authority）展開該項計畫的試驗期，只有 10 名科技
員工搬到當地，緊接著全球流行疾病襲擊，2020 年中計畫案僅
開放 25 個名額，卻收到 450 份報名。[1]

不用我多說，傳統的經濟發展從來不是這麼進行的。

釣一條大魚：大公司、好人才

幾十載以來，如果你是在肖爾斯之類的城鎮擔任經濟發展
員，你唯一的目標就是釣到一隻大魚，也就是某間願意僱聘當地
員工、帶來租稅收入的大公司。新工作職缺就是經濟成長的關鍵
要素，如果你成功說服一名執行長，在當地蓋一間新工廠或是把
總部設在當地，刺激該郡的房地產稅和當地工作數量，那你就是
大贏家。為了達成這個目標，經濟發展局像是遞交泡泡糖球般，
輕易祭出財務刺激方案，免費土地！十年免稅收！現金換工作！

以刺激方案換取就業機會、投資、發展、地方成長的承諾是
一種賭注，而且並非屢試不爽。2017 年，中國富士康公司喜獲
45 億美元的刺激方案，在威斯康辛州芒特普萊森特小鎮（Mount
Pleasant）的 3,000 畝農地蓋了一間平板顯示器製造廠，可望為
密爾沃基（Milwaukee）南部的鄉村地帶創造 13,000 份職缺，唐
納・川普亦形容這是「史上最優方案之一」。然而，短短幾個月
內，就連實習生都因為工作量不足，最後失業。[2]

不管怎麼說，**城市就是愛捉大魚**。亞馬遜宣布在西雅圖外尋
覓第二總部的據點時，全國各地的個人經濟發展都摩拳擦掌、緊
張兮兮，接踵而來的發展甚至演變成詭異的《鑽石求千金》（*The*

Bachelor），全國各城的追求者排隊示愛討好，無所不用其極地展現個人魅力，不惜提出稅收減免和房地產方案。2017 年約有 230 個團體參與第二總部的爭奪戰。[3]

　　這一次亞馬遜第二總部爭奪戰的前幾名，不見得淨是地點位置優異的城市，即便是端出吸引人的刺激方案也沒用（聖路易斯的優惠方案總額高達 70 億美元），[4] 反而是**有大把優秀人才的城市具有優勢**。

　　這就是產業語言中所謂的高技能、高教育程度員工，這些年來諸如此類的員工成了公司企業和社群團體的搶手貨，為了贏得亞馬遜第二總部的選美大賽，維吉尼亞州阿靈頓（Arlington）雙手奉上 5 億 7,300 萬美元的刺激方案，包括每創造一份薪資 15 萬美元以上的職缺，就獲得 22,000 美元的補助金。不過他們也提出一項為亞馬遜找到該公司需要的 25,000 名員工計畫，那就是鋪設 K-12 階段 STEM 教育 * 管道，讓亞馬遜未來幾代都不缺員工，無後顧之憂地敞開雙臂迎接新秀。[5]

　　這一直以來就像是雞生蛋還是蛋生雞的難題，一座城鎮可能會先引來一條大魚，接著想要好工作的人就會自然湧入該地。再不然就是先吸引員工前來，也就是所謂的人才，並利用他們向展現出興趣的公司證明：快看，你未來的職員已經在這裡等你囉。

　　通常一個地方會同時並用兩種方法，但是**現在有越來越多城鎮成為人才磁鐵和留才機器，爭取說服教育程度高的居民搬遷當地、留下來工作，並且希望他們永久留居當地**。密蘇里州春田市經濟發展處長莎拉・克納（Sarah Kerner）告訴我，她多年來向當地領袖布道「吸引人才及留才」的重要性，「過去情

況相反，通常是要先引進公司，人才會跟著公司湧進，因為勞工會想：『好吧，看來沒辦法，我也只能住下來了。』可是現在局面卻是大逆轉。」[6]

撒錢，是城市吸引人才的手法

城市都是利用哪些手法吸引人才？近年來，不外乎是撒錢。2018 年，人才吸引的範例出現劇烈轉變，奧克拉荷馬州塔爾薩市（Tulsa）宣布塔爾薩遠距計畫（Tulsa Remote），計畫概念如下：如果你是全職遠距工作者，並且願意搬到塔爾薩市，就可獲得 1 萬美元的獎勵金。

一個製作精美的網站清楚羅列出搬到塔爾薩市的好處：「嗨，各位遠距工作者！我們願意付錢讓你在塔爾薩工作，搬來吧，你會愛上這裡的。」首頁背景的影像展現出一幅幅遊牧工作族的都會生活夢想畫面：二十幾歲的年輕人在頂樓豪宅敲敲打打著筆記型電腦，種族多元的帥哥美女聚在屋頂酒吧享用飲料。

參加塔爾薩遠距計畫還有其他好處可拿，例如獲得一張在共享工作空間的辦公桌及市中心公寓的優惠租金。計畫參與者可以參加僅限會員的活動和 Slack 頻道，讓他們與新社區連結，認識新朋友。[7]

過去，沒有城鎮直接將經濟刺激方案拱手交給願意搬遷當

＊　美國推行從幼稚園到十二年級的跨學科教育計畫，STEM 指的分別是科學（Science）、科技（Technology）、工程（Engineering）、數學（Mathematics）。

地的員工，然而與其向亞馬遜等大型公司恭恭敬敬奉上企業福利支票，直接把部分經費交給員工，倒也不失是合理做法。每多出一個初來乍到塔爾薩市的居民，都代表著經濟活動的巨大效應：多一個人購買房地產、支付地方稅、在當地超級市場購物、在 X（推特）上宣揚他們多喜歡這個全新加入的社區。而當地每多出一名新進高技能員工，都在向科技公司大魚證明，塔爾薩市可能就是他們員工希望生活的地點。

不僅媒體為之瘋狂，就連遊牧工作族也為之瘋狂，該計畫落實的前兩年，已有近 500 人透過塔爾薩遠距計畫移居奧克拉荷馬州。[8]

全美各地的市政府領袖都留意到該現象，包括 880 公里外的阿拉巴馬州肖爾斯經濟發展局。雖然表面上肖爾斯與塔爾薩的 40 萬居民並無共同之處，該局仍然決定放手一搏，採用塔爾薩的全新瘋狂模式，吸引遠距工作者。2019 年，該組織開啟肖爾斯遠距計畫，首年方案提供移居當地的遊牧工作族 1 萬美元獎勵金。[9]

起先，肖爾斯的目標僅限於科技員工，依據員工收入分成不同階級，分期支付獎勵金。（你賺的錢越多，收到的獎勵金越多，因為他們認為你對社區的貢獻更有價值。）第二年該計畫擴大，開放任何年薪 52,000 美元以上的遠距工作者參與。報名人士包括二十幾歲的單身漢、五十幾歲的已婚人士、有孩子的家庭、一名學校行政人員、一名美國退伍軍人事務部官員、一名美國全國廣播公司（NBC）的體育播客主，麥坎希表示：「由於他已經不需再親臨比賽現場，現在自由多了，所以他心想『我想住哪裡都可以』。」這些人都逃離西雅圖、奧蘭多、緬因州、波特蘭等

城市，不遠千里來到肖爾斯。

　　1 萬美元的美妙獎勵金敞開一扇大門，歡迎遊牧工作族來到這個阿拉巴馬州的南方角落，可是獎金不該是遊牧工作族加入當地的唯一理由。「我們要確認他們是真的需要我們，而他們也是我們所需要的人，」麥坎希表示，在阿拉巴馬州成長的她天生就是家鄉的啦啦隊。「要是我們提供不了夜生活，也不希望招來想要夜生活的居民，我們無意以不真實的樣貌包裝自我，吸引他人前來。」

　　在 Zoom 的線上面談中，麥坎希詢問這對來自紐約的夫妻檔，他們心目中的完美社區是什麼樣子，這是每個肖爾斯遠距計畫報名者都必須接受的石蕊測試。他們回道：「我們在尋找空間充裕、步調悠閒、擁有友善社群的地方。」

　　麥坎希露出燦爛笑容，忙不迭地接口：「這些正好都是我們有的！」

　　你可以搬到肖爾斯、購買幾畝幾乎可以確定毫無人煙出沒的土地，所以說空間肯定是有的。因為從城鎮一端開車只需 20分鐘就能抵達另一端，所以步調悠閒自然是不在話下。由於有著十二年前左右就搬到該地的店家老闆，所以社群團體早已存在。麥坎希解釋，一開始有個老闆很討厭這裡，後來卻漸漸愛上這裡，畢竟想在當地參加活動很簡單，沒有太多繁瑣關卡，看到有趣的事物大可直接詢問「我可以幫忙嗎？」現在，她也為麥坎希的本地活動貢獻一己之力，還能大方告訴她的顧客：「我才不想搬去其他地方。」

　　最初的不情不願漸漸演變成從丹田深處歡呼出哈雷路亞，這就是來這裡生活的常見歷程。麥坎希知道人們聽見「阿拉巴馬

州」這幾個字時，腦海中浮現的既定印象大概是什麼，但是除非當真住過本地，否則幾乎確定地說他們都猜錯了，而她希望有機會修正遊牧工作族的成見。[10]

為錢而搬，享受各種福利

塔爾薩和肖爾斯並不是唯一以金錢當誘因，邀請人們搬遷當地的城市。**過去十年來，普遍只提供公司企業的諸多優惠福利，現在都直接進了遊牧工作族的口袋**。在買家市場上，仔細規劃選點策略的人可以搬遷至一座全新城市，享用現金補助、免費土地、稅金減免、學生貸款償還補助，或是住房刺激方案等好處，以下是幾個範例：

- **阿肯色州西北部**：在本頓維（Bentonville）設有沃爾瑪超市總部的阿肯色州西北部，提供願意移居該地的遠距工作者 1 萬美元的現金補助，外加一台全新單車，「讓你可以好好享受當地⋯⋯讓戶外活動愛好者趨之若鶩、長達 515 公里的世界級登山單車道」。沃爾頓家族基金會（Walton Family Foundation）正是這個為期 6 個月、斥資 100 萬美元活動的幕後金主。[11]
- **堪薩斯州托皮卡（Topeka）**：「選擇托皮卡」（Choose Topeka）是專為願意搬遷托皮卡的遠距工作者開設的刺激方案，留居當地生活一年可獲得 5,000 美元的租金退額，要是買房則可獲得 1 萬美元的補助金。[12]

- **俄亥俄州巴特勒郡**（Butler County）：只要搬到辛辛那提州北部的巴特勒郡小鎮，新住戶就可得到獎學金，每月 300 美元幫你分期支付學生貸款，總額高達 1 萬美元。[13]

- **愛荷華州紐頓**（Newton）：擁有約 1 萬 5,000 位居民的狄蒙郊區（Des Moines）向購買一戶全新獨戶住宅的居民獻上 1 萬美元獎金，外加當地公司提供、總值超過 2,500 美元的歡迎優惠套組。[14]

- **夏威夷州**：疫情期間，商業領袖和當地非營利組織與州政府聯手，承諾為願意搬到小島至少一個月的遠距工作者供應免費機票、飯店折扣、共享工作空間折扣，以及供應社區參與的機會，不過「移居阿囉哈」（Movers and Shakers）計畫表示：「我們還是希望你留久一點」。[15]

- **瑞士阿爾賓恩**（Albinen）：位於阿爾卑斯高山、僅有 240 位居民的村莊提供上看 25,000 法郎的獎金，換算成美元是將近 5,000 元，誠邀任何願意移居當地置產的成年人，每帶一個孩子即可追加 1 萬法郎。重點是：如果你沒待滿十年就離開，就必須自掏腰包償付這筆金額。[16]

- **喬治亞州薩凡納**（Savannah）：這座墨西哥灣沿岸城市過去曾提供科技公司獎勵金，向每位職員提供 2,000 美元的搬遷費。然而 2020 年，該城直接把獎勵金交給符合資格的科技員工。「我們這麼做其實就是不想再仰賴公司搬來」，薩瓦納經濟發展局的革新創業長珍妮佛·

伯內特（Jennifer Bonnett）如此解釋。[17]

- **佛蒙特（Vermont）**：獲得佛蒙特州長首肯後，該州的商業和社群發展處研擬出一份資金計畫案，給予願意搬至佛蒙特的遠距工作者 1 萬美元的搬遷津貼，為他們分擔搬家費用、共享工作空間會費、網路費用。（該計畫在 2020 年因為耗盡第一筆 50 萬美元的經費而劃下句點。）[18]

　　前述這些只是冰山一角，類似的刺激方案如雨後春筍在各地迅速竄升，從西維吉尼亞州摩根敦（Morgantown）甚至是緬因州奧古斯塔（Augusta）都有，而最新遠距工作計畫則在 MakeMyMove.com 網站隨時更新。這種局勢滿足了遊牧工作族的美夢，雖然有點瘋狂，但是對樂於接受社群莫名追求的遊牧工作族來說，卻是一件非常美妙的事。

　　不是所有人都擁戴這種計畫。在提出遠距工作計畫的地區，居民往往忍不住發牢騷，抱怨他們的社區竟然為了吸引新居民浪擲經費，選擇讓長期居住當地的民眾生活困頓，他們怎麼不乾脆把支票寄給早已證明自己忠誠的居民？

　　幾名評論家表示，這種以刺激方案吸引新居民的方法，令人不禁想起喜劇演員葛魯喬‧馬克思（Groucho Marx）的名言：「我才不想加入要我成為會員的俱樂部。」印第安納州西拉斐特（West Lafayette）首次推出 5,000 美元的遠距工作計畫後，城市規劃專家艾倫‧瑞恩（Aaron Renn）在 X（推特）上進行民意調查，提問：「印第安納州要付你多少錢，你才會甘心搬去住？」超過半數的人表示，不管獎勵金有多誘人，他們都「打

死不搬」。[19]

說到佛蒙特州的遠距員工獎勵專案時，州審計長忍不住發牢騷：「實際上，我聽到不少人說這種宣傳手法只引來負面聲浪，很多人都在嘲笑我們：如果佛蒙特州真有那麼好，又何必捧著大筆經費、請客入住？」[20]

這道理就類似不同地區捧著刺激方案招攬企業，或者公司在招募員工時提出簽約獎金或有薪假加碼，這是因為大家都要爭取人才，而遊牧工作族就是人才。正如 Livability.com 網站主編維諾娜・狄米歐－艾迪格（Winona Dimeo-Ediger）告訴我的，人才磁鐵和留才是「一種完整產業，可是多數人並不曉得它的存在，也不知道它是實際運作，甚至不知道自己的城市就有這種產業，也不曉得自己某層面來說受到影響，更別說是个知道該如何運用該產業或是參與計畫，這就是一大問題」。[21]

身為遊牧工作族的你，現在可是熱門商品，有了這個概念後，你就能在這場人才爭奪戰中保有優勢。各個社區都想要你的超強能力，也不惜爭取搶奪你的注意。

以選點價值來看，也許想要成為搶手貨不是世上最高貴的理由，但是知道自己在某座城鎮或某份工作上炙手可熱倒也不錯。研究員在臉書公司的調查發現，要是自己的貢獻受到認可和讚賞，職員的事業滿意度也會跟著提升。以職場來說，認同感的表現可能是老闆加薪，或是大家為你高超的 PowerPoint 報表技巧鼓掌叫好。可是一份 2015 年的調查指出，僅有 21% 的人覺得薪水符合自己在職場上的貢獻。每四人之中就有三人覺得，最優秀的員工並未獲得應得的認可。[22]

千萬別忘了，你的城鎮就是你的辦公室，所以**如果有座城**

市拱手給你經費，邀請你搬到當地生活，這就像是得到應得的加薪，或是招聘人員查看過你的 LinkedIn 頁面後主動聯繫你，感覺既令人寬慰又榮幸，你也會看見這些社區多迫不及待迎接你。即便沒有獎金刺激方案，光是感受到一個新環境熱情地歡迎你，你就更可能培養出地方依附，更想留在當地、落地生根。**當你知道自己在一個地方很搶手，你在這座城市的生活就會很滿足。**

爭搶人才的刺激方案

　　截至目前，德州達拉斯還沒祭出獎金，吸引願意前來的新住戶，他們不需要走到這一步。過去十年來，達拉斯都會區已增加 130 萬新居民，成為全美成長最快速的大城。[23]

　　達拉斯並未為了經濟發展停滯不前所苦。過去十年來，共有超過 150 間公司把總部調換至當地，主要是受到低稅收、親民的房地產售價、緊鄰國際機場等因素吸引。[24] 雖然達拉斯成了釣大魚高手，同時卻也為自己招來不少麻煩：工作職缺太多，人手不足。即使是全國發展最快速的都會區，都有人才供不應求的情況。

　　達拉斯商會（Dallas Chamber of Commerce）的區域行銷及人才引進部門資深副會長潔西卡・海爾（Jessica Heer）的說法是，新冠肺炎爆發前，達拉斯的管理、金融、建築、工程、建設，「以及電腦相關」等產業失業率不及 1％。為了填補職務空缺，公司行號彼此爭搶人才，可是這種方法並非長久之計，最後海爾只好開始警告各公司的執行長「別再從鄰居手中偷走人才，要偷就從

鄰州下手」。名為「加入達拉斯吧」的行銷廣告成為他們的搭訕台詞，達拉斯向芝加哥、納什維爾、紐約市等科技重鎮的二、三十歲年輕人招手，向他們喊話「我們想要你們的加入」。[25]

達拉斯商會不需要遠距工作者帶著工作前來當地，反而需要他們應徵申請達拉斯現有的工作。商會的研究顯示，**一份新工作或是可能獲得新工作仍是人們決定搬遷的主要動機**，於是「加入達拉斯吧」的網站大力宣傳該城蓬勃的就業市場。海爾告訴我：「我們想要傳達的主要訊息是，這裡有千載難逢的工作機會。無論你是事業剛起飛，或是你想搬到一個可為事業劃下完美句點的地方，我們這裡都有適合你的工作機會。年輕人喜歡選擇，比起只有 2 條牛仔褲可以挑選，40 條牛仔褲更好。」

諸如此類的宣傳廣告效果，究竟如何實在不好說，因為人們不是光憑某個網站的內容，而是依據 100 萬個小細節決定自己的選點策略。但「加入達拉斯吧」起跑後，截至目前達拉斯的網頁瀏覽次數已高達 70 萬，在地窄人稠的就業市場，光是吸人眼球就已經贏了，某些城市還會在終局提供現金獎勵。即使你嘲諷塔爾薩遠距計畫，閱讀相關文宣時還是可能蒐集到關於塔爾薩的趣味常識：如果你搬到塔爾薩，就可以在他們斥資 4 億 6,500 萬美元打造的市中心公園丟飛盤、參加他們的同志遊行，或是在阿肯色河參與 DIY 竹筏競賽（沒在胡說）。

刺激方案提出的資金不應該是激勵人遷居的唯一要素，但是想到有錢可拿，或是看見聰明的行銷廣告，人們就有調查研究該地的動力，把塔爾薩加入考慮清單，對於這座城市來說，倒也不枉費這筆花費。「我認為，與其以稅收獎勵的方式將千萬美元恭恭敬敬獻給大公司，這種花錢方法絕對值得多了。」《尋

找你的城市》（*Who's Your City*）作者李查・佛羅里達（Richard Florida）這麼告訴全國公共廣播電台（NPR）：「對一個人提出小規模的獎勵方案，不失是更好的做法。」[26]

以負擔得起的價格享受生活

　　另一方面李查・佛羅里達建議，要是一座城市本身條件夠好、生活開銷經濟實惠、再配上高生活品質的設備，那其實不需要提供 1 萬美元的獎勵方案，而是什麼都不用做新居民就會自己上門，主動搬來。[27] **經濟發展的首要守則可能是人才吸引，第二條守則則是生活品質**。想要吸引尋尋覓覓型，你就得打造出人們夢寐以求的居住環境。

　　追蹤這個答案的媒體公司不在少數，Livability 就是其中之一。Livability 為了美國 100 座最宜居城市的年度名單，調查了 1,000 位千禧世代（以目前來說，千禧世代是地域流動性最高的年齡層），並鎖定尋尋覓覓型擬定選點決策時最在意的廣泛類別，進一步分析數據。2020 年，主編維諾娜・狄米歐－艾迪格和她的員工準備公布含辛茹苦得出的調查結果時，卻不巧碰上新冠肺炎襲擊，城市開始像是蚌殼般緊閉門戶。他們擔心在疫情爆發的期間公布這份名單，恐怕顯得狀況外，於是決定延後發表日期，最後重新調查，看看 2020 年「逃離疫情」的氛圍是否讓千禧世代的人改變心態。

　　簡短的答案是：並沒有。疫情肆虐時，「人們搬遷的首要考量仍然沒變，」狄米歐－艾迪格說，「只是越來越多人可以採

取行動，爭取自己在乎的東西。」[28]

　　人們最在乎的莫過於價格合理。對於 7 成接受調查的民眾而言，**一座城鎮的生活開銷是他們決定遷居的前三大考量重點**，[29] 昂貴城市或買不起住房的城市會立刻被他們踢出名單。

　　對於大多千禧世代來說，氣候、交通、美食與博物館等文化活動、戶外消遣、鄰近家人都是關鍵要素。由於光想到搬家很麻煩，超過四分之一的人表示，他們因此選擇不搬家。[30]

　　身為一名遊牧工作族，你的決定多半取決於影響日常生活的要素。你想要堵塞在車陣之中，或是將 3 成月薪拿來繳房租嗎？當然不。你想要陽光普照、週五夜晚吃得到墨西哥菜的生活嗎？那當然。

　　到哪都能工作族最在乎的莫過於以負擔得起的價格享受生活，所以在疫情期間，他們漸漸拋下昂貴擁擠的超級大城，搬到疫情期間的地理大贏家：人口成長 91％的郡市郊、諸如鱈魚角（Cape Cod）和太浩湖（Lake Tahoe）等度假勝地、佛羅里達州薩拉索塔（Sarasota）和南卡羅萊納州查爾斯頓（Charleston）等小城，以及某些小鎮。[31]

　　逃離都市的人不見得會投奔天崖海角，82％都會中心慘失居民，數量超過移入的人口總數，其中又屬紐約市、西雅圖、舊金山、波士頓失血最慘重。[32] 大多疫情移居者還是待在原先的都會區，只是現在他們的生活重心大可不用再圍繞著市中心的辦公室，居住在市中心外圍便不但可行，甚至炙手可熱。

　　小鎮經濟發展人員更尤其士氣大振，一邊揮舞拳頭，一邊喃喃說道：「總算輪到我們發光發亮了。」在鄉村社區內布拉斯加州麥克福森郡（McPherson County）和俄亥俄州霍爾姆斯

郡（Holmes County），大批遠距員工湧入當地。[33] 剎那間，小鎮顧問貝琪・麥可雷（Becky McCray）和黛博・布朗（Deb Brown）開始接應回答一堆關於如何吸引居民的問題。「工作與生活環境是否可以拆開來談，或者我們是否能不受工作地點影響選擇居住地，到了現在這些已不是問題。」貝琪說，原本不被看好的地點可以抬頭挺胸了。[34]

甚至還有人發明出流行語，以「Zoom 鎮」形容不用依靠大魚企業主就能繁榮蓬勃的地方。Zoom 鎮是規模不大，位置略顯偏遠的社區，卻擁有良好網路連線、有趣的當地文化，對於只需要優良網路連線速度就能工作的遊牧工作族來說，Zoom 鎮是很好的選擇。

這些小社區唯一需要的，就是向世界宣傳它們的存在，張開雙臂歡迎公司進駐，告訴世界它們已經做好準備，隨時都可以華麗變身，成為遊牧工作族的 Zoom 鎮。由於沒有類似「加入達拉斯吧」的大規模行銷廣告預算，偏遠小鎮社區必須找出更有創意的手法，掛起它們的歡迎橫幅招牌。

於是類似肖爾斯遠距的計畫就此登場。

找到一座恰到好處的城市

喬・奎肯達爾（Joe Kuykendall）首次聽說肖爾斯遠距計畫時，他和安娜（Ana Kuykendall）已在佛羅里達州奧蘭多居住 5 年。他和妻子在同一間軟體開發公司遠距工作，當時已經討論離開佛羅里達州至少一年。「佛州的生活消費高到令人咋舌，」喬

說，「我們的出價連迷你可愛的平房都買不起。」[35]

　　有天，喬在網路搜尋到一篇關於遠距工作者招募及肖爾斯遠距計畫的文章，天時地利人和，肖爾斯價格合理、徒步就可到達想去的地方等，很明顯符合他們的居住期望。「這個刺激方案開啟了一扇大門，」喬說，「讓我們萌生『嘿，這可能行得通喔』的念頭。」

　　親自和麥坎希及她的團隊面談後，喬和安娜在 2020 年 6 月開車帶著 7 歲兒子造訪肖爾斯，參觀當地環境，那個週末還沒結束，他們已在阿拉巴馬州弗洛倫斯（Florence）出價購買一棟 1905 年建造的三房住家。三個月後，他們舉家搬進這棟房子，肖爾斯遠距計畫的人才磁鐵爭奪戰又打贏一局。

　　總部設於瑞典斯德哥爾摩的地點行銷公司「未來天地」（Future Place Leadership）共同創辦人馬可斯・安德森（Marcus Andersson）解釋，在人才吸引與留才的世界裡，類似「加入達拉斯吧」和肖爾斯遠距的行銷計畫不過是冰山一角，[36] 他們的下一步是**人才接待，也就是歡迎新人的計畫活動**（試想塔爾薩遠距計畫的見面會和 Slack 頻道）；**人才融合，給予初來乍到的居民社交及專業人脈網絡**（透過年輕專業人士的派對認識彼此）；**人才聲譽，好比打響區域品牌及舉辦當地大使活動**。[37]

　　有的地方在經營這一塊市場是箇中好手。在愛荷華州的愛荷華城（Iowa City）和錫達拉皮斯（Cedar Rapids）的經濟發展處工作時，提姆・卡地（Tim Carty）在該州網站上設置一個「招募我」按鍵，你按下按鍵後很快就會收到提姆或他同事寄來的電子郵件，主動幫你媒合當地雇主或住房，並且提供學校和社區等相關資訊，只要能夠說服你搬到當地，要什麼服務都好說。這就

是人才吸引。[38]

　　等你到了當地，就會透過軍師活動（沒錯，他後來才發現這個名稱帶著濃濃的性別歧視意味，並為此感到羞愧）幫你聯繫上某人，請對方帶你認識當地、讓你對全新落腳的小鎮培養出感情。[39] 如果你是二十幾歲的年輕男生，熱愛手工啤酒和登山健行，提姆・卡地就會幫你配對一個同為二十幾歲、在自家地下室釀酒的當地人，另外提供你一張羅列出本地所有登山步道的地圖。「我們會確保興趣相仿、處於人生相同階段的人湊在一起。」提姆解釋。而這就是人才接待。

　　另外也會來些人才融合，因為你的軍師會致力完成清單上的一、二、三步驟：和你親自見面一次，接著邀請你出席兩場社群或人脈網絡活動，然後介紹你認識三個你可能處得來的朋友。「這個做法很有效。」提姆說，也是遊牧工作族剛加入全新社區時可能需要的認同和重視。「招募我」的按鍵展現出社群的企圖心：我們希望你加入我們的行列。運用一點巧思邀請你加入，這種感覺還不錯吧。

　　當然，只因為經濟發展人希望你加入，並不代表人人都會掛起歡迎橫幅。潔西卡・海爾承認，達拉斯當地人多半明白，成功吸引 AT&T 電話公司或聯信銀行（Comerica）進駐是破天荒的創舉，但他們不明白的是達拉斯已經人滿為患，為何還想招募一個普通人，海爾的朋友也說出類似的評論：「妳何必請更多人搬來這裡？這樣不是讓我們的公共設施緊繃、交通更堵塞嗎，弊大於利啊。」[40]

　　就連在較小規模的城市，居民都對人才吸引的活動表達洩氣不滿的情緒。維諾娜・狄米歐－艾迪格回想，她和某位現居新

墨西哥州聖塔菲（Santa Fe）的朋友交談時，這位朋友情緒崩潰
地提到德州與加州人在墨西哥州橫行霸道，霸占了她那人口僅有
84,000 人口的小城市。「她走上前對我說：『維諾娜，我不得不
說，我覺得妳行銷地方、邀請大家搬遷的工作……對我的城市造
成了傷害。』真的有夠尷尬。」[41]

　　維諾娜說，難處就在於「每一座類似聖塔菲的城市，都是
一座急需成長、懇求新住戶搬來當地的小城市，它們的存活確實
全仰賴這場賭注，全盤押在人地媒合，讓尋找完美居住地的人搬
來適合自己的地方。」訣竅就在於，讓抱怨「這裡已經不適合我」
的大城市居民成功配對上高聲呼喊「我們需要成長，拜託快點搬
來」的小城市。

　　對於喬和安娜‧奎肯達爾來說，找到肖爾斯就像是成功配
對一個也樂意接受他們的地方。他們現在仍收受肖爾斯遠距計畫
1 萬美元的分期付款獎金，並利用這筆錢支付搬家費用。即使沒
有獎勵金挹注，光是搬到阿拉巴馬州已讓他們賺到，為奎肯達爾
家降低大約 1,000 美元的每月開銷。他們每月 1,500 美元的房貸
也比佛羅里達州的 2,000 美元房租便宜。佛羅里達州的房地產稅
是每年約 4,000 美元，在肖爾斯卻只要 600 美元，就連他們的汽
車保險都是搬家前的半價。

　　由於必要開銷減少，現在他們能花更多時間從事他們喜歡
的活動，好比健行（他們說只要 15 分鐘就能抵達登山步道）和
外出用餐。由於北阿拉巴馬大學（University of North Alabama）
緊鄰住宅區，有時他們聽得見該所大學的吉祥物獅子里歐，在位
於校園的生活園區發出獅吼，營造出奇特的工作會議背景音，以
至於安娜偶爾不得不停頓半晌，然後說：「不好意思，剛剛被獅

子的叫聲打斷了。」

　　他們肯定已不住在佛羅里達州，但比起佛羅里達州，肖爾斯明顯更熱情歡迎他們。要是坐在屋子前廊，鄰居就會停下腳步和他們閒聊。（阿拉巴馬州的不成文規定是如果你坐在自家前廊，你就有和他人打交道的責任。）他們外出時會巧遇認識的人，也有時常光顧的髮廊，連咖啡廳的員工都知道他們的名字和愛點的餐點。「你絕對會有一種大家都認識自己的親切感，這對我們來說是很重要的事。」喬說。

　　即便是遠距工作，他們也不想離群索居。「我們還是希望可以認識鄰居、結識朋友。我們想要成為社群的一分子，積極投注個人心力與時間，現在我們總算覺得自己達到這個目標。」[42]

　　多數人都有一座恰到好處適合自己的城市，也許不是唯一的靈魂伴侶，光是婚姻就很難讓人相信有靈魂伴侶這種事，遑論是環境。不過，**這個世界上總有一個你尋尋覓覓、符合期望的地方。而你，反過來說，也是某座城市的理想居民，現在只差找到彼此而已。**

選點策略課堂：認同

　　員工想要在工作上受到重視、激勵鼓舞，居民也是。幸好世界各地的社區都很努力讓遊牧工作族感到自己是搶手貨，張開雙臂溫暖歡迎，或以獎金回饋他們，以下就是爭取你應得認同的方法。

1. **研究**：招募你當居民的小鎮提出 1 萬美元的刺激方案（甚至可能贈送一台單車！），這絕對是一個很好的起點。先在線上查看有哪些方案（試試看 MakeYourMove.com 網站），但不要草率下結論，仔細查看各個城鎮俱備的要素和設施，思考一下該地是否符合你的選點價值？提供得了其他你想追求的事物？若是沒有，就算獎金再甜也不值得你搬家。

2. **按下招募按鍵**：提姆·卡地和維諾娜·狄米歐－艾迪格聯手打造一間名為 RoleCall 的公司，協助不同城鎮在精美的地方行銷網站影片下方建立一顆「招募我」按鍵，如果某個地點勾起你的好奇心，不妨直接按下按鍵（再不然也可以主動聯繫對方）。

3. **主動提出個人要求**：既然公司都可以這麼做了，你又有何不可？如果你正在考慮搬到某座城鎮，主動聯繫當地經濟發展局或商會尋求忠告，觀察對方會怎麼說。對方是否針對你的情況認真答覆？是否有專員回信？（順帶一提，提到認真回覆的機率，小鎮還是比大城市高。）

4. **找尋專屬自己的軍師**：如果名單中的城鎮沒有軍師或其他大使活動，可以請商會或協會及旅客服務處幫你牽線，認識近兩年搬到當地的居民，這些新居民想必可以誠心回答你的問題，好比「搬到這裡後，財務方面最讓你震驚的是什麼？」以及「這座小鎮對待有色人種的態度好嗎？」

5. **接受行銷洗禮**：大多城市會在為潛在居民或訪客製作的網站上自吹自擂。當然這是一種行銷手段，不過通

常也供應海量資訊，宣傳一個地方俱備哪些迷人可愛的特色。

6. **別追求超級大城：**大城市的迷人可愛之處確實多到數不清，有的是豐富文化、五花八門的人、咖啡廳與時尚的Urban Outfitters 店面，如果你想搬去的地點是大城市，恐怕早已心知肚明。但既然你現在哪裡都可以住，不妨多看幾眼小鎮、鄉村地帶、中等規模城市、度假勝地，甚至是（倒吸一口氣！）郊區。

地點個案研究：美國堪薩斯州托皮卡

人口總數：126,397

- **重大問題：**幾年前，數據顯示 4 成民眾從東部 100 公里外的堪薩斯城等地，大老遠通勤到肖尼郡（Shawnee County）工作。為了讓更多人不只是在那裡工作，也在當地安居樂業，選擇托皮卡計畫（Choose Topeka）的策略之一就是推動 1 萬美元的刺激方案，協助遠距工作者在當地購屋。（在托皮卡找到全職工作者可獲得 15,000 美元。哇嗚，加入移居安定型的行列吧。）到了 2021 年 1 月底，共有 350 名遠距工作者展現出興趣，最後有 15 人移居托皮卡。

- **為何有人想住這裡：**州府氣氛好、公共藝術俯拾即是（壁畫可不會自己登上 IG，非常需要你舉起相機拍攝），還有五花八門的鄉村、藍調、古典音樂節，更別說羅尼 Q

燒烤餐廳（Lonnie Q'BBQ）超威的爆漿起司馬鈴薯。

- 申請移居的都是哪些人：覺得堪薩斯州地處美國正中央很不賴的人，有些申請人和其他中西部州有羈絆，有的人則是喜歡這裡悠哉的生活步調。「我們常常聽到不同人的故事，無論他們來自芝加哥、亞特蘭大，或是舊金山，無論他們是否在那裡住了 6 年以上，卻還是不認識當地人，」大托皮卡區合夥（Greater Topeka Partnership）產業保留及人才發起專案的副會長芭芭拉・史塔普雷頓（Barbara Stapleton）說，「他們已準備好與社群建立深刻連結，也很滿意自己離機場僅有 1 小時的距離，另外還有許多探索藝術、文化、餐廳的機會。」43

- 應該住哪裡：在選擇托皮卡計畫的網站上，住房分成「高級優雅社區」和「迷人平價社區」。在第二種分類中，你就能在價格實惠到不可思議的威斯特博路（Westboro）社區，以不到 25 萬美元的價格買到一棟鋪有亮晶晶硬木的平房。

- 如果你正在考慮：大托皮卡區合夥的行銷主任鮑伯・羅斯（Bob Ross）表示，最適合選擇托皮卡計畫的人就是「尋找全新冒險」44 的族群，並且已經準備投身嶄新環境、接觸新鮮事物。

- 假口號：「汽油耗盡的好所在。」2019 年選擇托皮卡計畫上路後，史蒂芬・柯伯特（Stephen Colbert）打趣地說，該刺激方案肯定會幫他們打造出獨有社群，「因為托皮卡的現任居民通常都是在開車前往某處的路上，不小心耗光汽油才留下來」。針對此說法，選擇托皮卡計畫幕後

的經濟發展局「衝啊托皮卡」（Go Topeka）製作出一支搞笑影片，只見影片中的女子不幸遇上當地人所謂的零油卡關，拎著空空如也的油箱踏進一間托皮卡酒吧，此刻當地人全張開雙臂、舉起啤酒熱烈歡迎她，於是最後她把油箱往角落一扔。無論是什麼樣的意外帶她來到托皮卡，她都準備好留下了。[45] 完美收局。

第 5 章

把居住地變成
生財工具

選點策略價值：財富

2009 年的經濟衰退導致近 900 萬名美國人失業，[1]56 歲的蘇珊娜・柏金斯（Susanna Perkins）就是其中一人。[2]

由於她效力的辯護律師事務所關閉，導致她最終失業。偏偏在這麼惡劣的時間點，她那幾年前為了轉換事業跑道、當中學科學老師，進修碩士課程而辭去電機工程工作的丈夫馬克，卻在畢業不到幾個月，時運不濟地遇上經濟衰退，附近的佛羅里達州學區總共解僱了三千多位老師，甚至連代課老師都輪不到馬克。於是 60 歲的他開始騎單車穿梭在奧蘭多市中心的街頭，當起快遞員。

這對夫妻的戶頭幾乎零退休存款，碩士學程的學費幾乎掏空馬克的退休帳戶，經濟衰退襲擊後為了生活開銷，他們甚至全數領出剩餘金額，經濟前景黯淡無光。「當時，我也不準備外出找工作，」蘇珊娜回想當初，「我們的儲蓄大失血，必須趕緊採取行動。」

蘇珊娜一向夢想旅居海外的生活，早在夫妻倆經濟還沒有崩垮時，柏金斯夫婦就討論過在海外退休的事，一部分可以沉浸異國文化，一部分則是為了省錢。可是現在情況不同了：最主要且最急迫的，說到底還是要先避免他們的經濟猶如自由落體，一落千丈。

於是最後他們搬到中美洲，明確來說是巴拿馬拉斯塔布拉斯（Las Tablas）。這座小鎮擁有 1 萬人口，海灘在 10 分鐘的距離外向他們招手，海岸線更是一路蜿蜒綿延至厄瓜多南方，街上甚至有從遮蔭樹梢墜落的芒果。

　　柏金斯夫婦在那裡找到一棟月租 400 美元、配備家具的三房住宅，只需要 3 美元的丙烷瓦斯就足以供應三個月的瓦斯爐用量。他們的高速網路比佛羅里達州便宜，菜價也比較便宜，只要不買瓶裝沙拉醬等昂貴的美國進口貨就好。他們每月平均開銷落在 1,700 美元，大約是佛羅里達州生活消費的三分之一。

　　柏金斯夫妻的搬遷計畫或許比大多人還戲劇化，但是**把平價開銷擺在選點策略的首位是遊牧工作族的常見戰略**。根據 Livability 提供的資料數據，低生活開銷就是吸引新住戶搬遷的首要考量。[3]

　　還有一個關於生活開銷的推動要素，**過度通貨膨脹的價格逼得遊牧工作族不得不離開他們本來熱愛的都市**，這也足以解釋為何光是 2020 年最後九個月，就有 38,800 名居民揮別美國最昂貴城市榜單的常勝軍舊金山，根據某項預測數字，舊金山的生活消費是全國平均的 2 倍以上。[4]

　　如果你的工作位在舊金山，也許你別無選擇，只能住在這個家庭收入中位數為 112,376 元、平均住房價值 120 萬美元、2019 年單房公寓租金高達 3,550 美元的地方。[5] 但今天要是你到哪都能工作，想為自己的這筆龐大數字開銷辯駁就難多了。隨著疫情發展，有三分之一的人都受不了居住環境的經濟壓力而遠走高飛。[6]

　　即使是住在生活費沒那麼高價嚇人的地方，我們都很難不去想像住在便宜的地區可能省下多少錢。我偶爾會迷失在 Realtor.com 網站上，在我知道比現居地便宜的城市查詢空房，譬如印第安納波利斯或克里夫蘭。

　　坦白說，我甚至不用搜尋距離遙遠的城市。由於黑堡當地

大學穩定吸引全新居民、刺激地理限制成長,房地產中位價落在
33 萬美元,(好啦,我知道,跟舊金山一比是小巫見大巫。)
可是往國道460號行駛48公里,房地產中位價只要166,000美元。
我大可搬到納羅斯(Narrows)小鄉村,房貸瞬間銳減五成。但
是我之所以還留在黑堡有許多理由,其中之一就是納羅斯最大的
餐廳只有一間設在加油站內的漢堡王。

**擬制選點策略時,金錢很少是遊牧工作族的唯一考量,可
是對於大多遊牧工作族來說,金錢絕對榮登前三名,也是衡量其
他要素時的先決條件,而且確實也應該是先決條件。**因為如果稍
微算一下生活費的數學,你就會發現換一個地方生活便可劇烈改
變你的財務狀況。

你可以降低房租或房貸繳納金,存更多錢,減少工時,更
常外食,提早退休,過著國王般的生活,擁有夢寐以求的人生。

或者單純不用再無時不刻為了錢愁眉苦臉。

**這種善用地點、重新整頓財務生活的方法甚至還有個專有
名詞:地理套利。**

地理套利,實現用金錢買幸福

簡單來說,**地理套利的意思就是,利用不同地理位置的生
活費差距,省錢存錢、提高生活品質。**

要是一名加州人以 75 萬美元賣掉兩房住家,以更低價格在
愛達荷州購入空間大上許多的房屋,這就叫作地理套利,而且這
種做法現在已是常態。

　　一對年輕伴侶從曼哈頓搬到生活平價的紐約上州，這也是地理套利。

　　某位數位遊牧民族因為住在泰國，每年只花 1 萬美元就能過著如魚得水的生活，這也是託地理套利的福。

　　以歷史角度來看，當地薪資會反映出當地生活開銷，所以如果你因為某份新工作，從消費水準高的波士頓搬到消費水準較低的圖桑（Tucson），可以想見工作收入也會深受影響。你在圖桑的租金顯然是減少許多，可是你的薪水也會跟著縮水，所以淨收益等於零。

　　遊牧工作族可以逃離這種循環，因為大多遊牧工作族的收入不受當地薪資水準限制，不論是住在波士頓或圖桑（或者印尼的峇里島、愛沙尼亞的塔林），他們的薪水都一樣，讓他們能在生活費最低的地方擴大地理套利效益。根據 Move.org，75 個人口最稠密都會區的排名，從全美第四貴城市檀香山（Honolulu）搬到第四便宜城市聖路易斯（St. Louis），每月就能省下大約 49% 的開支，換算成實際幣值，等於每月 5,000 美元的生活費就會變成 2,550 美元。[7] 要是多出這筆存款，你就能升級生活型態、幫你的（提早）退休帳戶增胖、改成兼職工作，或是怒買幾千個冷凍墨西哥卷餅（你開心就好）。

　　要是你搬到遙遠地區的意願越高，你的存款也會越開心。旅遊作家兼《花少少的錢度過美好人生》（*A Better Life for Half the Price*）作者提姆・列佛（Tim Leffel）告訴我，**許多退休人士、遠距工作者、網路創業家等遊牧工作族之所以離開，是「因為口袋裡的薪資無法供應他們期望的生活標準。但如果住在清邁、墨西哥或葡萄牙等地，他們就能用少少的錢過上充實滿意**

的生活。」[8]

　　提姆本身也實踐地理套利，他和家人從納什維爾舉家搬遷至墨西哥中部西馬德雷山脈（Sierra Madre）的瓜納華多州（Guanajuato），以 86,000 美元買下一棟四房住家，每年繳納 120 美元的房地產稅，交響樂演奏會的門票售價 6 美元。當他拜訪佛羅里達州的家人，發現一套雙人午餐竟然要價 40 美元，驚人的高物價水準令他忍不住高呼：「我們幾乎沒點什麼！甚至連飲料都沒點！」

　　這裡有幾個值得思考的道德議題。只為了自己過上舒適生活，而占盡國際經濟不平等的便宜，是不是一種人性醜惡？難道我們只是為了請得起幫傭或高檔晚餐，才決定在某個海外國度定居？

　　在美國，地理套利在曾經平價的社區助長了貴族化的趨勢，導致租金上漲，當地人再也付不起房租或日漸攀升的房地產稅，最後被迫搬離。林林總總的問題之下，你本來只是想替自己解決財務問題，卻反而害得別人的財務問題惡化。

　　但根據個人預算搬家的話，地理套利可能是通往經濟穩定的捷徑，讓你更快享受到經濟穩定的甜頭。事實上，很多人都為錢所苦，債台高築，跟直接搬到低生活開銷（Low Cost of Living, LCOL）的城市相比，就算堅持當個守財奴，戒掉星巴克拿鐵和酪梨吐司，對你的財務也不會造成太大差異。要是生活開銷減少，還可為你帶來金錢以外的好處：

- **你可以買到時間：**如果你是自由接案的遊牧工作族，搬到 LCOL 城市你就可以少工作幾個鐘頭，不用為了基本

開銷庸庸碌碌。如果生活開銷的差距是紐約和越南的等級，你可能還能轉為兼職工作。又或許你的家庭迫切需要一位家長待在家撫養孩子，這時搬到 LCOL 地區或許就能達成目標。

- **你可以買到選擇：**如果你減少生活開銷、儲蓄更多錢，就能夠清償貸款、在銀行儲存更多錢，甚至是存一筆作家寶麗·佩哈奇（Paulette Perhach）所謂的「走投無路基金」。只要你存夠資金，就能不再受氣，瀟灑地向爛工作、有毒男友、惡房東說再見，因為你心中有數自己的存款可以讓你安然度過難關。9

- **你可以買到自由：**財務獨立，提早退休（Financial Independence, Retire Early, FIRE）運動成員積極存款，好在 30、40、50 歲揮別工作，而地理套利經常就是他們用來跳脫工作的手段。（本章稍後會多加說明。）

- **你可以買到真正的物質：**如果擁有自己的家仍然是你的美國夢，這個里程碑在某些城市可能更唾手可得。存款差距或單純的整體物價指數降低，也許會讓你欲望清單裡的東西價格可親，好比一輛好車或全有機商店。無論你為自己設下的目標為何，無論你覺得你必須擁有什麼才有人生美好的感受，在 LCOL 地區都更唾手可得。

- **你可以買到幸福：**好吧，這句話言過其實了，不過搬到 LCOL 地區後多出的一筆財富，你就更可能投資在提升個人幸福安康的事物上。比起擁有物質，全世界有整整 76％的人偏好增加人生經驗值，而揮別月光人生，每個月底剩下的錢越多，你就越可能付得起非洲獵遊之旅或

當地小聯盟棒球季票，[10] 再不然更多心理諮商療程也好。

減少日常開支的話，度過夢想生活的機會就會上升，不再是任生活宰割的苦命人。

對不同人來說，金錢的意義當然也不同，也許你喜歡花錢買經驗，體驗香港或蘇黎世等世界最昂貴城市的生活。只有你自己能決定生活開銷在整體選點策略的重要性。

有一件事倒是不容置疑：那就是，光是熱愛一座城市還不夠，你還得負擔得起。

遊牧工作族，握有居住選擇權

我不會建議你戒除每日買咖啡的習慣，畢竟已經很多人這麼做了，**成功的地理套利不是只靠縮減微不足道的開銷**。根據某份研究，在丹麥每天購買一杯咖啡需要 5.33 美元，到了保加利亞卻只要 1.31 美元。[11] 你可以從丹麥搬到保加利亞，每天買一杯咖啡，每年也只多擠出 1,467 美元淨利。

可是，根據美國勞工部勞動統計局（Bureau of Labor Statistics）的資料，2019 年房價幾乎掏空普通美國家庭三分之一的年度開銷。[12] 然而談及細項，像是交通、伙食、保險，甚至是每天一杯咖啡的習慣，影響根本不大。

住房所費不貲，甚至是逐年穩定增長。從 2020 年 5 月到 2021 年 5 月，美國全國的房地產售價飆高逾 15％，達到 15 年來新高。[13] 房價升漲大幅超車薪水的情況之下，對於中產階級的美

國人而言，購屋買房的夢想自然越來越遙遠。

　　為了得出住房負擔能力，大多研究員會使用運算公式：現行市場的住房中位價除以當地家庭總收入中位數，得出數字若是低於 3.0，就代表該市場俱備負擔能力。[14] 打個比方，要是你生活地區的家庭收入中位數是 10 萬美元，住房中位價是 295,000 美元，那麼恭喜你！你居住地的市場擁有住房負擔能力（雖然不是人人都有這種感覺）。

　　但幾乎世上沒有多少城市符合 3.0 住房負擔能力的標準。根據 2021 年針對 8 國 92 個主要住房市場進行的研究調查，在澳洲、加拿大、香港、愛爾蘭、紐西蘭、新加坡或英國，沒有一座城市給得出讓人負擔得起的房價。美國只有四座城市勉強低空過關：賓州匹茲堡、紐約州羅徹斯特、紐約州水牛城、密蘇里州聖路易斯。[15]

　　與此同時，該研究鎖定的五座澳洲大都會城市，房價都和當地收入之間存在著嚴重失衡，住房被形容是「只可遠觀的天價」，意思是負擔能力比例超越 5.1。[16] 想像一下如果平均收入是 10 萬美元，平均住房售價是 55 萬美元會是什麼景象。根據喬瑟芬‧托維（Josephine Tovey）撰寫的《衛報》文章，在房價自 2012 年就攀升 7 成的澳洲雪梨，焦慮的 30 歲購屋族「全擠在一起發抖取暖，彼此交換著恐怖的房屋拍賣故事，懊悔著為何沒有早點加入戰局，或是直接詢問有沒有人要一起搬去（距離一個小時的）布利（Bulli），無奈接受長途通勤的命運（不過布利的住房中位價在五年內已經成長近 6 成，所以……還是不要好了？）。」[17]

　　情況每況愈下，絕對不是你個人的想像。在過去二十年，

全球的房價翻漲速度是家庭收入中位數 3 倍之多。[18] 對於想要加入房市的年輕首購族，財經界提出住房相關支出最好不超過月薪總數 3 成的標準忠告，現在聽來諷刺得很，請問這個忠告適用於哪個世界？

2016 年，3,810 萬美國家庭「預算負擔過高」，這個經濟名詞以白話解釋就是「沒錢買房」。[19] 也許真如 X（推特）的嘲諷貼文，存在買房實境節目《房屋獵人》（*House Hunter*）的平行宇宙（「老公：我在部落格寫帽子評論。老婆：我發現一只裝有 2 枚金幣的雪茄盒。老公：我們的預算是 140 萬美元。」）[20] 實際情況是每四個美國人之中，就有一人將月薪 5 成以上砸在住房上，看來在住房地獄中痛苦打滾儼然已成常態。[21]

他們可能會留下來，除非最後選擇搬家。

遊牧工作族不必因為工作位在某個地點，咬牙屈就於「只可遠觀的天價」的房市，而是握有選擇權。

請想像以下案例。在美國最昂貴的房市，也就是聖荷西都會區，住房中位價高達 140 萬美元，等於每月要繳 7,639 美元的房屋貸款，心在淌血啊。

與此同時，在 2020 年房市居全美最低的伊利諾州迪凱特（Decatur），你能以平均 109,900 美元自購一棟房子。新屋房貸要繳多少？每月 520 美元。

倒也不是每個迪凱特居民都負擔得起這筆數字，畢竟有四分之一的當地人在貧窮線下度日。[22] 但如果你是到哪都能工作的遠距工作者或退休人士，收入薪資不用受到當地就業市場費率的限制，在當地就能逍遙快活地度日。試想前面提到的住房負擔能力公式，拿迪凱特的住房中位價除以聖荷西的家庭收入中位數

125,000 美元，最後得出的負擔能力數字是 0.879。

他們沒有「可以褻玩的廉價」分類，或許應該要有。唯獨到哪都能工作族才適用。

逃離昂貴城市，提早享受夢想人生

2020 年，軟體開發工程師傑瑞米‧桑伯格（Jeremy Sandberg）說服西雅圖地區的科技公司老闆讓他改為遠距工作後，他和在家照顧三個孩子的老婆珍妮立刻展開他們的選點策略計畫。他們正在尋覓消費低廉、離家人近、比他們過去十年的居住地溫暖的三連勝據點，最後找到了內華達州的亨德森（Henderson）。[23]

最棒的是，他們以 765,000 美元出售華盛頓貝爾維的 45 坪房子，接著再用這筆錢支付 107 坪、售價 455,000 美元的亨德森房子，「要在華盛頓購買這種坪數的房子，沒花個 150 萬美元，恐怕想都不用想，」珍妮說。這棟房子不僅占地寬敞，擁有一間可以供她丈夫充當辦公室的客房，亦讓他們多出打造事業或創造被動收入金流的資金。「亨德森是完美選擇嗎？並不是，因為永遠沒有完美選擇，」珍妮說，「但是這次搬家對於我們和家人大有好處。」

由於人類是不理性又自以為是的動物，往往把第一個看見或體驗到的價格當作參考指標，而這個現象就是行為經濟學中所謂的價格錨定。如果你在菜單上第一個看見的三明治價格是 10 美元，就會覺得 15 美元的三明治收費過高。

　　面對房地產時，我們的心態也是一樣，你會根據當地房市的住屋價格，在內心得出合理售價。隨著房價攀升，你心裡的合理售價也跟著提高。

　　所以搬家時你的價格錨定會有點失常，可能會心想：以我之前居住的城鎮來說，一棟 30 萬美元的房子很貴！不過到了這裡很便宜啊！諸如此類的想法。我們全家從奧斯汀搬到黑堡時，不肯為了黑堡當時偏高的房地產掏出一毛錢，於是就這麼租屋租了 6 年。現在在這裡住了 8 年後，我的價格錨定重新調整，當地價格就變成了正常價格，也是我腦中唯一合理的價格。

　　所以要是你從高生活開銷（High Cost of Living, HCOL）地區搬到 LCOL 地區，原本習慣的價格和全新發現的售價之間的落差，可能會讓你對旅居墨西哥的旅遊作家提姆・列佛分享的心得深有同感，體會到他從佛州昂貴的午餐菜單變成在瓜納華多州當地市場農產品區時購物的感受。「有時真的很好笑，」他說，「好比 2.2 公斤的柳橙居然只要 1 美元。」換句話說，你會覺得自己發了。

　　我們可以把這種現象重新更名為「加州局勢」。過去 15 年以來，加州人逃離當地高房價，卻不幸炒高了博伊西、奧斯汀、鳳凰城等誘人 LCOL 地區的房價。他們可能因為加州的房價高揚而失血過多，相較之下，這些地區不痛不癢的價格讓他們為之驚豔，因此願意在這些城鎮掏出當地人視為離譜的資金，經年累月下來，當地的住房負擔能力跟著衰退。[24]

　　這個問題很複雜，但就長久來看，要是有許多遊牧工作族逃離昂貴城市，當地房屋的需求就會降低，房價跟著拉低，地理套利最後可能反倒是幫上舊金山等炙手可熱的房市重新調整負擔

能力，而進退不得、繼續待在當地的人也能從中受惠。要是你發揮創意，決定搬到一個與眾不同的 LCOL 市場（而不是搬到大家都想得到的博伊西），你可能就會為當地貢獻他們最需要的經濟振興。

對梅蘭妮・艾倫（Melanie Allen）來說，**運用地理套利一直是準備提早退休的關鍵**。初次聽說 FIRE 時她還住在洛杉磯，雖然她熱愛加州，卻發現殘酷的真相是「如果繼續留下來，我就別想享受到財富自由」。

HCOL 的地區，讓她遲遲享受不了夢想人生：減少工作量、常常外出旅行探險。於是，她以將近當初購買價格 2 倍的價格，成功脫手洛杉磯的房子，搬到喬治亞州的薩凡納，並把這筆資金砸在薩凡納房屋的龐大頭期款上，付清後還綽綽有餘，可以支付她的汽車和學生貸款。一年後，她再次搬到生活開銷甚至更平價的賓州鄉下小鎮，在當地豪氣買下一棟房子。

在賓州沒有房貸拖累的她，外加薩凡納房屋的租金入袋，梅蘭妮存到一大筆收入，FIRE 的生活對梅蘭妮來說近在咫尺。（她在 PartnersinFire.com 網站上分享了這段個人旅途。）「**生活在低開銷的小鎮讓我可以儲蓄、投資，降低每月開銷，**」她說，「要是現在我還住在喬治亞州，我不認為退休會近在咫尺，要是我還住在洛杉磯，甚至想都不用想，搬家給了我許多連我都夢想不到的選擇。」[25]

令人想遷居生活的平價國家

消費平價的地方不見得讓人想搬去住，然而根據《國際生活》雜誌（*International Living*）的 2021 年年度全球退休指標（Annual Global Retirement Index），以下十個國家就達到價格可親及高品質生活的美妙平衡。[26]

1. 哥斯大黎加（每月 1,400 至 2,000 美元）
2. 巴拿馬（每月 1,765 至 2,890 美元）
3. 墨西哥（每月 1,600 至 2,500 美元）
4. 哥倫比亞（每月 1,030 至 2,720 美元）
5. 葡萄牙（每月 1,600 至 2,500 美元）
6. 厄瓜多（每月 1,600 至 2,400 美元）
7. 馬來西亞（每月 1,500 至 2,000 美元）
8. 法國（每月 2,100 至 2,500 美元）
9. 馬爾他（每月 2,000 至 2,500 美元）
10. 越南（每月 900 至 1,470 美元）

為了節稅，五種值得思考的旗幟

有一種地理套利可以幫你償清房貸或學生貸款，還有一種可以幫你在境外避稅港藏錢，也就是 2021 年 5 月數百人聚首墨西哥卡門海灘（Playa del Carmen），在吹捧為「世界第一境外會議」的遊牧資本家（Nomad Capitalist Live）會議中學習的手法。[27]

　　洋洋灑灑列出的會議講者清單包括《富爸爸‧窮爸爸》
（*Rich Dad, Poor Dad*）的作者羅勃特‧清崎（Robert Kiyosaki）
及喬治亞前總統薩卡希維利（Mikheil Saakashvili），參與會議的
都是大富翁或是迫切想加入富翁行列的人物，會議則是提供關於
避險港、外國房地產、海外貸款、第二國護照的高階課程。那他
們的大師是誰？年屆三十好幾、名叫安德魯‧亨德森（Andrew
Henderson）的人，也是遊牧資本家的創辦人，專門指導人們擺
脫麻煩的國家死忠度，搬去對自己最有利的地方。

　　安德魯正在籌備第一間公司時，讀到一篇讓他茅塞頓開的
文章，在這篇關於全球最安全銀行的文章中，安德魯的國家美國
只排在第 40 名。

　　什麼？這意思是世界上還有 39 個國家的銀行比美國安全？
那他何必死守著美國的銀行？

　　再說要是其他國家可以提供更低稅金、更優質的健康保險
系統，而且還有更美的沙灘，又何必在美國窮忙？如果其他國家
對你比較好，何必對自己的祖國死心塌地？

　　在這種不太愛國的思想刺激下，安德魯開始實踐手法極端的
地理套利，亦即「旗幟理論」，並在個人網站 NomadCapitalist.
com 上大肆探究說明這種做法。[28] 跟安德魯身分相同的人**為了理
財致富，會將生活不同層面分配在不同國家，彷彿在地圖上到處
插旗**。明確來說，以下是五種值得你思考的旗幟：

- **公民資格**：你可以在不會向非本國居民徵收所得稅的國
  家取得第二國護照。
- **銀行**：你可以在不徵收資本利得稅的國家開設境外銀行

帳戶。

- **休閒娛樂**：你可以在銷售稅低或是不收銷售稅的地方度假購物，節省經費。
- **生活**：你可以在 LCOL 區域或允許你獲得第二國居留權的國家買房或租屋，譬如巴拿馬或菲律賓。
- **經商**：如果你從商，公司總部可以設在低稅收或提供資產保護的地方，或者是提出商業友善聘僱政策的國家。[29]

　　要是以上讓你想到電影《007》詹姆士‧龐德搭私人飛機、隨身攜帶好幾袋金磚的畫面，那麼我只能告訴你，**多數遊牧資本家的客戶只是一般企業家和數位遊牧民族，他們想要的莫過於聰明理財，而非綁死在一個地點**。有的人變成「長期旅客」或簡稱 PT（偶爾也有人說這兩個字母意味著「優先納稅人」），指望自己不在某地逗留太久，於是最後無需在任何地方納稅。（額外好處：他們可能也永遠不會要求你盡陪審團的義務。）

　　不同國家向居民徵收稅務的方式大不相同，有的國家只徵收你在該國領地賺取的所得稅，有的國家不管你的收入來源為何，只根據你的居住地徵收稅務，有的則像是百慕達和阿拉伯聯合大公國，完全不收個人稅：不收資本利得稅，不收遺產稅，什麼都不收。[30]（為了彌補缺口，這類國家往往會徵收印花稅或超高銷售稅。）

　　再來就說到美國了。世界上只有兩個國家會根據公民身分課稅，一個是美國，另一個是非洲東北部厄利垂亞（Eritrea）。[31]會計師葛蕾絲‧泰勒（Grace Taylor）的客戶主要是四海為家型，

不是僑民就是數位遊牧民族（她自己本身也是），而以下是她的
解釋：「假設你在西班牙定居，在那裡生活了大半輩子，再也沒
踏上美國國土一步，但你餘生很可能還是得繼續填寫美國的報稅
單。」[32] 除非你聲明放棄美國公民資格，有些安德魯的遊牧資本
家客戶就真的放棄了。

然而，如果你是一年在海外居住 330 天以上的美國數位遊
牧民族或僑民，或許就符合海外所得免稅額的資格，減少十多萬
美元的美國個人所得稅。[33]「對於這些數位遊牧民族，這可能就
是有利的答案，」葛蕾絲告訴我，「因為他們在某個國家的停留
時間不夠長，不需要在當地繳納稅務，但他們在美國以外的地方
停留時間夠久，所以能享有這種免稅額待遇。」換句話說，整體
情況很複雜，所以你可能還是得僱用一個像是葛蕾絲的會計師，
而不是沒頭沒腦地在 TurboTax 報稅軟體上輸入數字。

儘管有旗幟理論，但大多遊牧工作族並不會一毛稅金都不
付，即使明天海外所得免稅額的優惠取消，葛蕾絲認為她的遊牧
民族客戶仍會選擇繼續漂泊，畢竟最吸引他們的還是自由，不是
省錢。[34]

但即使你不曾離開自己的國家，在居住地享受最實惠的稅
務也不是壞事，某些美國州政府就看準你不會想走人。2021 年，
阿拉斯加、佛羅里達、內華達、新罕布什爾、南達科他、田納西、
德州、華盛頓、懷俄明等九個州完全不收個人所得稅，大多州把
這當成吸引人才的絕招，這可能就是為何這麼多人加入達拉斯的
原因，畢竟行銷廣告網站沒有忘記要提醒遠距工作者，只要搬到
德州就能省下幾千元的稅金。

州稅是綁手綁腳的一大要素。加州大學柏克萊分校經濟學

家安里可・莫雷提（Enciro Moretti）和舊金山美國聯邦儲蓄銀行（Federal Reserve Bank of San Francisco）的個體經濟學研究主席丹尼爾・威爾森（Daniel Wilson）於 2017 年進行的研究顯示，紐約在 2006 年把最高薪員工的個人所得稅率從 7.5％降至 6.85％，每年便能多吸引到三名重量級科學家前來申請專利，而這些人都是教育程度高、前 5％高薪的菁英分子，雖然稱不上是多大的數字，但莫雷提和威爾森指出，這種效應可能日積月累，逐年成長，並可望鼓吹當地創新風氣、吸引其他科學家前來。[35]

在不收取個人所得稅的州，人口成長速率確實比高稅率的州快出 109％，好比奧勒岡州和威斯康辛州。根據全美議會交流理事會（American Legislative Exchange Council）的說法，國內生產毛額和工作方面也是，這表示低稅率的州民成為自僱者、開設公司或聘僱其他員工的機率更高。

隨著你的銀行帳戶成長，逃離高稅率的州、前往低稅的州，好處也跟著成長。2019 年，《紐約時報》的某篇文章描述科技員工一窩蜂帶著他們的首次公開募股股票，從加州逃到德州或佛羅里達州，在當地享受稅務好處。臉書共同創辦人愛德華多・薩維林（Eduardo Saverin）則是放棄美國國籍，搬到新加坡，[36] 充分落實旗幟理論。

或許你是沒有新創公司的百萬財富可以窩藏，但根據 SmartAsset.com 網站的所得稅計算機，如果你單身，在夏威夷州檀香山的薪資收入是 10 萬美元，那麼你每年預計支付的州稅就會比新罕布什爾州漢諾威的居民高出 7,228 美元，[37] 這絕對不是什麼小數目。

稅務問題錯綜複雜，而要是稅務在你的選點決策中占有重

要地位，那麼在勞師動眾地搬家前，先找會計師確認一下數字才是明智之舉。如果你是遠距工作者，稅金可能取決於公司據點，而不是你的所在地。又或者你得支付巨額房地產稅，彌補便宜的州所得稅。再不然你可能得仔細篩查各種稅收級距，釐清你需要繳納哪些稅。（加州是九個。）[38]

　　另外，這裡也許我的政治觀點已經不言自明，但不妨用一分鐘的時間，認真反思稅金對你的居住地有何影響。沒人喜歡納稅，但城市角逐吸引人才及留才，誇下海口「我們是最便宜的！」的同時，也等於是在彼此較量誰最沒本錢，正如賽斯・高汀（Seth Godin）說的：「**除了價格低廉，每個優秀品牌（即使低價）都應該要有其他為人所知的特色。**」[39]

　　納稅金是讓居住城市正常運作的要素，所以如果你是尋尋覓覓型，可以斟酌比較一個地方的公費都用在哪裡，才讓這個所在格外吸引人。學校排名靠前嗎？圖書館館藏是否有你想讀的書？是否有活動中心和游泳池等實用公共設施？馬路是否保養良好？是否有美化市容的公園或花園？市政府的工作人員數量是否充足、行事效率高？警察局是否反應機敏？如果在當地納稅享有的福利讓你心滿意足，開立支票當下就不會那麼心不甘情不願了。

　　把這當成一項對你熱愛城鎮的重要投資就好。

花少一點，賺多一點

　　如果你想增加個人的資產淨值，手法有二：一是賺多一點，再不然就是花少一點。採用地理套利的人不少都把重點放在「花

少一點」，搬到可以節省住房、稅金、一般生活開銷的地方，讓他們的所得更有價值。就連公司也採取這種做法。一份 2020 年創業投資公司 Initialized 的調查發現，他們資助的公司之中，超過三分之一有意完全轉型成遠距辦公模式（疫情前只有五分之一）。[40] 對他們而言，放棄實體總部、完全關閉辦公室，也就是變成企業界的四海為家型，不但可以節省經費，還能創造更多金流，改善員工生活品質。

2017 年，分散式人力軟體公司 Zapier 提供 85 名員工 1 萬美元的「關閉辦公室津貼」，當作他們搬離舊金山的搬家費，因而登上新聞頭條。Zapier 的共同創辦人韋德・福斯特（Wade Foster）在一篇公司部落格貼文中解釋這種鼓勵地域分散的思維。灣區是科技員工的大本營，可是灣區高額的生活消費卻讓員工難以對這個地區產生依附情感，覺得自己永遠無法真正在那裡生根落地。「儘管我們熱愛灣區，但實際上很多人需要另尋他處，才能為家人提供我們心目中的理想生活。」[41]

Zapier 拿出大老闆的氣魄，無論員工身在何處皆提供灣區水準的薪資。大多員工的年薪本來已經超過 9 萬美元，雖然稍微低於舊金山的收入中位數，可是到了印第安納波利斯等城市，卻是當地收入中位數的 2 倍，這就是 Zapier 點頭贊同地理套利的做法，像是在說：「快抱著錢逃跑吧。」

不是所有人力分散的公司都這麼慷慨大方，有的公司錙銖計較，在決定工資時利用各地的生活開銷差距，合理化他們在 LCOL 地區支付員工低薪的做法。Buffer 科技公司巴塞隆納分部的二級工程師賺取的薪資，只有布魯克林區二級工程師的 85％。[42] 這種薪資調整導致部分潛在的地理套利失去意義。

　　另一方面，**地理流動性也可能讓你的賺錢術更靈活**。就拿雪倫‧蔣（Sharon Tseung）來說吧。單槍匹馬去了一趟歐洲旅行後，雪倫就決定想嘗試遊牧生活，但她首先得釐清如何維持穩定的財務來源，於是開始鑽研 YouTube 影片，了解數位遊牧民族是怎麼開設公司或遠距工作，並從《富爸爸‧窮爸爸》和《一週工作四小時》等書偷學祕訣。

　　對她來說，幾個關鍵概念有如醍醐灌頂：**金錢可以幫你買到自由，創造設計出屬於自己的人生。不要為錢工作，讓錢為你工作。累積資產，而不是債務。如果你不想一輩子都在工作，就要建立被動收入來源。**

　　關於理財，雪倫擁有聰明絕頂的頭腦（她 22 歲就買下一間出租房屋），不費吹灰之力地認真經營人在海外時也能管理的小生意。雪倫在 Etsy 網站上販售自己設計的 Photoshop 和微軟 Word 範本，還加入了亞馬遜的 Merch by Amazon 商業平台，販賣隨需印刷服飾的圖樣設計，個人部落格「數位遊牧征程」（DigitalNomadQuest）上的刊登廣告亦為她帶來穩定財源。雪倫說：「這就是我從工作轉為被動收入的完整轉型過程。」

　　她上路後不辭辛勞地記錄開銷，第一年的數位遊牧生活開銷大概是 17,000 美元，但她深信盡可能提高被動收入的數字才是重點。兩年後，回到灣區的家鄉，跟剛離開時相比，她的資產淨值已見成長。[43]

　　在科技界擔任企業對企業自由公關的約翰‧佛伯格（John Forberger）伴侶是加拿大人，於是他在疫情期間搬到加拿大，也因此享盡匯差優勢，畢竟他的客戶都在美國。「大家果真都是專門尋找美國客戶，這裡的所有生活開銷基本上都可減少

28％。」[44]

在其他地方展開副業或開立公司或許比較簡單，也許是因為在海外會靈感激增吧。

巴拿馬的生活開銷減輕了柏金斯夫婦的財務負擔後，蘇珊娜總算有心情考慮轉換事業跑道。她一直以來都是自由作家、設計師、網站架設師，但「我們搬到巴拿馬之前有極大的生計壓力，讓我綁手綁腳，」她說，「決定下一個計畫仰賴大量創意構思，可是對於當時的我來說幾乎不可能。」

她蜷縮著身體，在吊床上抱著筆記型電腦，發想出一個叫作 WorkPress 架站磚塊（WordPress Building Blocks）的網站，傳授讀者自行架設 WordPress 網站的方法。如果當初沒有搬到巴拿馬，她覺得她應該就不會開設這個網站。

她也不會開設 FutureExpats.com，關於海外退休的個人網站。2012 年，蘇珊娜統整出一份世界城市的各項生活品質排名，前幾名的得主包括維也納和不列顛哥倫比亞溫哥華，生活開銷都貴得離譜。

可是蘇珊娜相信只要夠有冒險精神，即使是 LCOL 城鎮都能為遊牧工作族創造美好生活。雖然她和馬克搬回佛羅里達州照顧年邁公婆，他們未來仍計畫重返海外。目前，他們親眼見證自己的孩子成為地理套利專家，在疫情期間，其中一個擔任軟體開發工程師的兒子從西雅圖搬到安提瓜的加勒比海小島。「他親身經歷了舊金山、西雅圖、波士頓、紐約等昂貴科技大城掀起的搬遷潮，」蘇珊娜說，「何不搬到其他地方？每個月只需花 2,000 美元，你就能擁有 84 坪的房子啊。」[45]

選點策略課堂：財富

無論薪資多少，遊牧工作族都能善用地理套利，做出物超所值的地點選擇。搬到住房價格比較可親、稅金較低、整體生活開銷較低的地方可以將所得變大、減少財務壓力，甚至可能激勵你探索全新行業。以下是幾種把居住地變成生財工具的方法：

1. **別只執著占比最高的開銷項目**：住房和稅金吞噬掉平均預算的絕大比例，當我們想到地理套利，往往都會想到這兩者，但別忽視其他不同地點會浮動的開銷，從托兒乃至伙食和油費皆是。（你是否曾經瞠目結舌為何跨過另一州的邊界，油費居然可以便宜這麼多？）製作預算表追蹤目前開銷，然後預估搬到新城市後這些預算會變高或低。

2. **擺脫一樣交通工具**：95％美國人擁有汽車，但如果你搬到走路或騎自行車就能行遍各個角落的城市，或是具有可靠大眾運輸系統的城市，每年就能省下一萬多美元。[46] 減少駕駛就是省錢之道。

3. **計算搬家經費**：根據美國搬遷與儲存協會（American Moving and Storage Association），長途搬遷的平均開銷是 5,000 美元左右，如果你要搬到海外，這筆數字恐怕更可觀。[47] 你可以自行打包裝箱、駕駛搬家卡車，或是事先脫手家具，減少搬運物品，藉此降低搬家開銷。如果搬到 LCOL 地區的終極重點是省錢，最好還是在實際搬家前計算清楚。

4. **落實住房轉租：**認真執行 FIRE 計畫的人時常運用一種叫作住房轉租的手法，做法是買下一間多家庭複式房屋或公寓大樓，其中一間自己住，其餘的轉租其他住戶。[48] 在生活開銷尚可的城市，這個做法可以幫你支付房貸，並可望額外小賺一筆。還有更高階的住房轉租法？有的：找室友。

5. **預測休閒消費：**生活品質高的意思是負擔得起你重視的活動，無論是滑雪、看一場話劇演出、或在五星級餐廳用餐都好，在海外進行娛樂休閒活動或許省最大，但是如果聰明手法運用得當，無論你人在何方都省得了錢。試想要是你自願擔任帶位員，就能免費看一場話劇演出，或是午餐可以外食，而貴的晚餐時段則自理（這種做法幾乎向來比較便宜）。

6. **當心意外開銷：**如果你有意搬到 LCOL 地區的老屋並藉此省錢，你可能會錯愕發現房子需要新屋頂，丙烷瓦斯桶要價不菲。由於當地氣溫冰天凍地，你需要常常開暖氣。你不可能預測得到搬家後所有的財務漣漪效應，所以不妨為了不可預期的狀況預備一筆存款。

7. **追蹤地理套利網紅：**有的遊牧工作族會在網路上公開透明地說明自己在 LCOL 地區的消費，以及消費對他們的生活造成哪些影響。我最喜歡的頻道之一是「我們的好野旅行（Our Rich Journey）」，這個家庭成功地提早退休之後，從舊金山搬到葡萄牙。（網站如下：www.youtube.com/c/OurRichJourney）

地點研究個案：美國德州威奇托福爾斯

人口總數：104,279

- **顛峰造極的便宜**：根據 Best Places 網站的生活物價計算機，如果美國的平均生活物價是 100，威奇托福爾斯落在 74.5，成為 2021 年全美第五便宜的所在。[49] 該地的住房價格更尤其親切可愛，如果你來自舊金山，可以大膽估測少付 93%，因為這裡是德州，也不收州所得稅！

- **小付出，大獲利**：可以把威奇托福爾斯想像成居家修繕翻新節目《待修閣樓》（*Fixer Upper*）之前的韋科（Waco）—— 尚待開發，潛能無限。以不到 7 萬美元就能購買一棟骨架堅穩、只差裝修的平房，或在全新住宅區以 25,000 美元買下三分之一畝的土地，再不然就是在 15 萬美元的住宅區域買下三房磚屋。租屋客也樂得轉圈圈，穩定復甦的市中心有不少歷史建物，如今都改建成時髦公寓。奧斯汀學校公寓（Austin School Lofts）的前身是具有 89 年歷史的小學，在這裡月租一間保留原始教室細節的兩房公寓，只需要 1,055 美元。

- **搬到這裡的都是哪些人**：年輕家庭、逃離加州的難民、退休人士、單身女性、對於威奇托福爾斯懷抱美好回憶的退伍軍人，抑或單純在 Zillow 上搜尋、發現不用十萬美元就能在當地買到房子的人。他們的共通點是：都在尋覓更低價的生活開銷。

- **這裡有什麼**：身為薛帕德空軍基地（Sheppard Air Force Base）、中西部州立大學（Midwestern State

University）、水上樂園、藝術博物館的所在地，威奇托福爾斯是養育孩子的好地點，當地高中的畢業率高達99%。

- 恰到好處：距離達拉斯、登頓（Denton）、奧克拉荷馬市只有 2 小時車程，威奇托福爾斯既不是近郊，也不是遠郊，而是擁有活躍社群的獨立小鎮。從加州移居本地的房地產代理人黛博·多賓斯（Debbie Dobbins）說，威奇托福爾斯是「三隻熊社區」，因為「不會太大，不會太小，恰到好處」*，在這裡的生活開銷合理，她基本上零債務，可以自由經商，為了社區活動捐贈物資款項。50 由於生活開銷低，威奇托福爾斯對單身女性來說也很棒，即使沒有另一半的額外所得支持，她們仍然買得起房子。

- 為何這麼便宜：威奇托福爾斯最早是石油重鎮，後來破產收尾。之後，由於地理位置使然，發展不見起色，所以並無大城市住房量不足的情況。後來投資客紛紛抵達威奇托福爾斯，鎖定當地商機，加州人也樂於掏錢，這時情況才出現轉圜。即便如此，搬到威奇托福爾斯的人通常都是看上當地緩慢悠閒的生活步調。「這裡沒有繁忙交通，15 分鐘就能繞遍整座小鎮，」黛博說，「當地人感覺也比大城市親切友善。」

---

* 典故源自格林童話故事《金髮女孩與三隻熊》，其中「金髮女孩經濟」（Goldilocks Economy）是 1990 年代經濟學家發明的名詞，形容柯林頓總統執政時期美國經濟處於「恰到好處」的理想狀態：高成長、低通膨。

第 6 章

創業，
不一定只能去矽谷

選點策略價值：創業

　　珍妮・艾倫（Janee Allen）過去覺得，你八成得是百萬富翁，才能在加州開一間自己的烘焙坊吧。[1]

　　珍妮・艾倫不是百萬富翁。

　　珍妮和攝影師丈夫諾雷斯住在加州聖塔克魯茲，為了浮出貧窮線上方喘口氣，受過專業訓練的糕點師傅的她得身兼兩份工作。白天是小學閱讀障礙專師，晚上則是團體家屋的諮詢顧問。她還從工作之間的空檔抽出時間，就像照顧小嬰兒般溫柔地培養野生酵母，同事皆對她烘烤的酸種麵包（sourdough bread）讚不絕口。

　　在珍妮的美夢中，她想像她開一間屬於自己的烘焙坊，可是在聖塔克魯茲她是絕對無法靠烘焙維生的。金錢是一場日常災難，當他們的房東調漲公寓租金，從 1,400 美元漲至 1,600 美元，她和諾雷斯別無選擇，只好搬家。畢竟這額外的 200 美元該從哪裡賺？

　　2015 年某天，珍妮突發奇想：**我們明明到哪都能工作，又何必委屈待在這裡？**

　　珍妮並不是抱著筆記型電腦的傳統遊牧工作族，但是她很清楚全國上下都有小學，於是心想（想的完全沒錯）在別的地方找一份類似工作或許不會太難。於是那年夏天，她和諾雷斯踏上為期 30 天的跨國露營之旅，上路實際觀測美國其他角落的城鎮。

　　後來，這對夫妻愛上了北卡羅萊納州，尤其是介於格林斯伯勒（Greensboro）和教堂山（Chanel Hill）40 號州際公路半途的小鎮格雷厄姆（Graham）。格雷厄姆的稅收很低，在加州待

過一陣子之後，他們發現這裡的房價低得可笑（多謝了，價格錨定！），最後以不超過 10 萬美元的價格，在森林地購置一棟 36 坪的磚屋，這是他們成年後住過最寬闊的生活空間。

北卡羅萊納州的低開銷，讓他們的財務狀況有喘息空間，於是珍妮腦中再度萌生自己開一間烘焙坊的構想，並打算把店名取為「酸種麵包坊」。

為了試水溫，她外送麵包至當地企業家的會議，鄰近的北園農夫市集（North Park Farmers Market）經理問她有沒有興趣在市集開設攤位。珍妮的腦海旋即閃過「這太扯了」的念頭，卻想也不用想就衝口而出「好啊」，格雷厄姆的每個人都想要幫助她成功，熱情迫切的程度讓她目瞪口呆：「這群美食饕客和企業家，都期望酸種麵包坊成為格雷厄姆經濟成長的一環。」

珍妮在 Kickstarter 群眾募資平台展開募款，最終籌到承租商業廚房空間和首批烘焙用品的 5,000 美元，沒多久就賣起酸種麵包，而且不只是在農夫市集，也賣給當地餐廳和市場。

她手作的碳水化合物是減重殺手、夢幻糕點的化身，表面烤得金黃酥脆，層層奶酥鬆軟掉落，沾得你滿身衣服都是。她通常會在週六早晨的農夫市集販賣麵包，常客興高采烈地撈起一顆顆司康、糕餅、布里歐麵包。

酸種麵包坊生意好到最後珍妮總算辭去小學的工作，全心全意經營烘焙事業，這是她從烹飪學校時代就萌生的夢想，在加州遙不可及的美夢，要是她從未搬到北卡羅萊納州的格雷厄姆，她就不可能有今日的成功。

挑選創業菁英群聚的地方

還有很多跟珍妮・艾倫一樣的人。根據一份 2019 年的調查，至少 2,400 萬名美國人幻想著哪天可以自己當老闆，卻只有 1,500 萬美國人勇於採取行動。[2] 創業用想的容易，要找到出路卻難，將近 3 成新公司都在開業頭兩年宣告失敗。[3]

即使是成功創業，都不見得如你預期，現在的新創公司和零售店面減少，可能比個體經營者和零工經濟更沒戲唱。你只要是三個美國人裡其中一個經營副業的人，就稱得上是企業家。[4]

簡單來說，企業家發現一個新產品或服務的市場商機，然後搶得賺錢先機行動，而遊牧工作族比所有人更有機會踏上這條道路，原因是什麼？

1. 因為他們想要自由。身為到哪都能工作的遠距員工，你需要看雇主的臉色，畢竟他們可以隨心所欲撤銷決定，或是硬性規定你的居住地，例如一定得住在公司總部所在的州。但是如果你想要每天自行選擇地點和工作內容，你就得自己當老闆。
2. 如果你是想在某社區生活的移居安定型，例如你的家鄉，可能需要自行創業才行得通。由於鄉村地帶和小鎮的就業機會有限，想要留在家鄉的當地人就不得不自行創造工作機會。
3. 就文氏圖（Venn Diagram）來看，我們發現想要成為企業家和四海為家型及尋尋覓覓型的人格出現重疊，他們都是敢於冒險的人，對於嶄新冒險和構想抱持開放心

態，傾向於走出自己道路的類型。無論是哪種內在力量驅動一個人脫手房屋、動身出發印尼，這種動力也可能驅使他們開立自己的日語翻譯公司或看管房屋服務。

無論你是否有興趣經營自己的公司，幾乎沒有遊牧工作族不受惠於創業思維，他們熱中於解決問題、構思發想，並在機會上來敲門時不吝敞開大門。即便是億萬美元資產的公司，都在公司內部提倡企業精神活動，激勵員工以企業家的角度進行思考。例如歐萊雅（L'Oreal）內部就有孵化器，發行《魔獸世界》（*World of Warcraft*）等遊戲的動視公司（Activision）每年都會舉辦競賽，讓職員組成不同團隊，以5,000美元的預算幫公司解決實際問題。[5] 波士頓諮詢公司（Boston Consulting Group）的研究發現，**懂得革新的公司規模往往是競爭對手的 4 倍，**[6] **在現代企業文化中，懂得發揮創業精神的公司最後都是大贏家，事業鴻圖大展。**

創業菁英群聚的所在，也較可能蓬勃發展。研究顯示，**創業活躍社群的當地國內生產毛額成長較高，更多財富成長，也相對創造出較多就業機會，有潛能帶動投資、提升當地的生活品質，以及投資在當地人民的潛質。**[7] 珍妮·艾倫在格雷厄姆時發現，居住在俱備創業精神的生態圈，居民會跟你一樣迫不及待看見你事業起飛，推動鼓勵你冒險，將狂想化為賺錢術，諸如此類的地方開拓出一片機會無限的肥沃園地，無論你最終是否決定揮別員工報稅單的世界，創業精神都值得在你的選點策略清單占有一席之地。

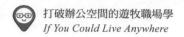
野心勃勃的城市，像是為你加油的啦啦隊

「大城市會吸引野心勃勃的人前來」，創投公司 Y Combinator 共同創辦人保羅·格雷厄姆（Paul Graham）寫道，「在大城市走動時就嗅得出這股氛圍，城市會不露痕跡地向你發出訊息：你可以有更多成就，你應該再奮力一搏。」[8]

你的城鎮就是你的辦公室，就好像督促你工作更加把勁的熱血隊友或積極進取的同事，一個俱備創業精神的社區也會向居民散播同樣激勵鼓舞的訊息。拚搏奮鬥的集體氛圍會推動你前進，主要也是因為你希望讓居住地更美好。

例如，在比鄰佩諾布斯科特河畔（Penobscot River）的前任紙漿重鎮緬因州巴克斯波特（Bucksport），當地居民正在思索研擬下一步經濟發展。該城鎮正在建造一條作為部分振興計畫的濱水區步道，可是當你在步道散完步，主要大街上卻沒有一個可以歇歇腿、喝杯葡萄酒的地方，而這就是他們必須填補的缺口，也是一種刺激創業的正面動力。柯琳和麥可·格羅斯（Michael Gross）之所以注意到這點，是因為他們在巴克斯波特的自家後院栽植葡萄，而這時他們已能用這批葡萄製作出美味葡萄酒。[9]

巴克斯波特的經濟跌落谷底，可是這反而推了具有冒險精神的格羅斯夫婦一大把。有什麼好損失的？柯琳和麥可的願景是開設一間歐式餐前小點兼酒吧，最後租下 1824 年起就矗立於巴克斯波特市中心的海伍德宅邸（Heywood House），當地人的支持前仆後繼而來，他們的鄰居更是興奮不已。「大家都認為這座小鎮俱備無限潛能，」柯琳說，「他們很期待看見真實具體的發展。」

　　巴克斯波特以迅雷不及掩耳的速度幫他們申請了營業執照，銀行提供這對夫妻條件優渥的商業貸款，經濟發展辦公室也大方提供他們商業管理資源，商會更是幫他們的餐廳維洛納設計餐酒館（Verona Wine and Design）猛打廣告。柯琳說：「這股動力真的很不可思議。」

　　就連鎮上另一間餐廳麥克雷奧德（MacLeod's）的老闆都古道熱腸，主動給予他們開業忠告。當我聽說另一間餐廳的老闆居然熱心協助潛在競爭對手，為此深感詫異時，柯琳卻這麼說：「喬治的哲學觀點就是人越多越好。」他的信念是一人得道，雞犬升天。

　　格羅斯夫婦在 2016 年 6 月開業，展開全新事業可謂一大創舉，然而長期經營又是另一項挑戰。以美國來說，新雇主開業完成率（也就是開業兩年內的職員僱聘率）低於 1 成。確實，麥可和柯琳幾乎單打獨鬥，事必躬親管理孤伶伶的維洛納設計餐酒館，柯琳同時繼續身兼當地學區的職能治療助理，麥可則是在高中擔任維修老師。

　　但沒多久餐廳開始忙碌，於是他們也僱聘員工。現在他們在夏天旺季需要僱用到 7 個人，最後柯琳辭去工作，全心全意經營餐廳事業。新冠病毒疫情這段期間日子難熬，餐廳每次只能接待 2 組內用客人，不管再怎麼艱辛，維洛納設計餐酒館仍然挺過這場風暴，在在證實了巴克斯波特居民確實齊心為格羅斯夫婦和小鎮加油打氣，盼望他們事業成功，而這帶給他們信心，知道放手一搏是可能成功的。

　　有些城市似乎本來就會培養社群上下的創業潛能，即使企圖心並非源自當地。舉個例子，遍地是櫻桃園和小農場的密西根

州拉丁頓（Ludington），就餵養出當地人的創業先鋒精神。克里斯和珍娜・辛普勒（Jenna Simpler）以飯店老闆的身分落腳當地時，便嗅到這股活力的氣息。10

辛普勒夫婦尋覓一個「客人踏出前門後，就踏進市中心，行經商店、餐廳、酒吧，直達湖邊或海邊」的民宿地址，他們的選點策略願望清單長到天邊，所以當他們發現位處密西根湖岸（Lake Michigan）、擁有 8,100 人口的拉丁頓，該地歷史悠久的卡地爾之家（Cartier Mansion）符合 98％的條件，掩不住內心的詫異。

當時，他們還住在紐約，開始主動接洽當地居民，「他們立刻接納我們，彷彿我們已是本地人，」克里斯說，「沒有劃出一條『你是外地人』的界線，也沒有質疑我們為何帶著大城市的點子來到這座小鎮。」由七間小客棧飯店組成的拉丁頓民宿協會（Ludington Bed and Breakfast Association）上下一條心，小鎮的人都充滿企圖心，讓兩個遊牧工作族可以自由加入，浸淫追求成功的集體信念中。

思索選點策略時，不妨自問：**什麼樣的環境能讓你相信自己的能力？什麼樣的環境可以推動你挑戰更有企圖心的目標？什麼樣的環境能激勵你實現你構思數月、甚至數年的夢想？甚至提供你資源，讓你成就大事？**

開口發問，是一件很重要的事

到頭來，光是空氣中散發著創業精神和機會的微弱氛圍還

是不夠。身為遊牧工作族，無論是擴展生意、尋找開拓全新商機的契機，抑或只是以遠距員工的身分搬遷當地，理想的居住地都必須可以實際幫你工作更上層樓。**真正具有創業精神的生態系統擁有扎實資源，可以將你推向你想去的方向。**

當芮妮・納瓦羅・福斯（Rani Navarro Force）開始夢想在堪薩斯州沃西納（Wathena）開一間無麩質烘焙坊，她第一個聯絡的對象就是非營利組織「堪薩斯東北企業促進會」（Northeast Kansas Enterprise Facilitation, NKEF）的泰瑞莎・麥卡納尼（Teresa McAnerney）。她問：「我需要做什麼才能在堪薩斯州開業'?」[11]

芮妮已經在沃西納找到承租的開業店址，地址前身是咖啡廳，沃西納擁有 2,000 人口，而她知道自己有可以在當地銷售的產品。一名同事試吃她的無麩質藍莓馬芬糕時不由得讚嘆：「吃起來和普通的馬芬糕沒兩樣，只是健康多了！」芮妮正值青春期的女兒史蒂芬妮飽受麩質過敏之苦，於是她自行研發麵包、杯子蛋糕、肉桂卷的食譜，凡是吃過的都說讚。

對於在一座人潮稀稀落落、如同移動緩慢的拖拉機的小鎮，展開小眾事業究竟合不合理，泰瑞莎・麥卡納尼馬上安撫芮妮。泰瑞莎是一個活力四射的金髮女子，天生長袖善舞的她似乎認識五個郡內的所有企業家，並且堅定不撓地繞過金融、基礎建設、市場、政策、文化、人才等障礙，成功為人牽線。就算她不知道答案，也認識知道答案的人，而你要做的只有開口而已。[12]

開口，是一件很重要的事。NKEF 採納的經濟培養手段是以希羅利法為基礎，一個名叫厄內斯多・希羅利（Ernesto Sirolli）、滿頭銀髮的義大利人所發明的方法。21 歲那年，希羅

利從義大利搬到非洲，為某非政府組織服務。他的第一份工作是和同事教導贊比西河畔（Zambezi River）的尚比亞人種植番茄和櫛瓜。當地河谷是如此肥沃富饒！怎麼可能沒有農業發展？安啦，義大利人這不就來幫你們了！

　　希羅利和同僚們佩服自己即時雨般的降臨，解救飢腸轆轆的尚比亞人，並在當地種植出猶如義大利豔陽下生長的肥美番茄，可說是大獲全勝！

　　但是就在某個晚上，200 頭河馬浮出河水，啃光所有番茄。希羅利在 TED 演講中描述當下情景，義大利人無不痛徹心腑地大喊：「媽媽咪呀，可惡的河馬！」

　　「沒錯，所以我們才不興農業這套。」尚比亞人回覆。

　　「那你們怎麼沒有告訴我們？」

　　「你們又沒問。」

　　這次經驗讓希羅利深受打擊，後來他得出一個結論，那就是**促進一個社群的成功前，他得先發問，而不是逕自把目標強加在他人身上**。自那刻起，他就擔任起專業媒合角色，結合某社群發想出的好點子與外界的知識與資源，實現創意想法。「你變成當地熱血的僕人，為夢想著進步的當地人效勞賣命。」他解釋。[13]

　　場景換到澳洲西部的一座小漁村，希羅利成功將一名在車庫醃製魚肉的毛利人介紹給某間有意購買醃魚的伯斯餐廳。消息傳開之後又有 5 名漁夫找上他，希羅利建議他們將新鮮鮪魚漁獲送往日本，每公斤售價 15 美元，而不是只賺進當地罐頭廠願意掏出的 60 分錢。一年內，希羅利已經協助 27 件專案，他形容自己的方法是「事業促進」，自那之後這個方法就廣泛運用在世界

各地的 300 個社群，協助 4 萬間公司開業。[14]

　　該方法的關鍵就是，**不讓任何人單打獨鬥**。希羅利說，**若想要成功，企業家就得製作優良產品、廣告行銷、經營管理公司財務，而這不可能是一人份的工作，想靠自己一人扛下三份工作，拿出亮眼成績是不可能的**。類似泰瑞莎・麥卡納尼的促進專員就是一座橋梁，為萬事俱備的當地企業家吹起他們欠缺的「東風」，無論缺的是人才、科技、忠告、經費、鼓勵都好。

　　在泰瑞莎服務的堪薩斯州五大東北鄉郡中，她遵守希羅利法，為當地人的熱誠提供服務，言下之意是她絕對不會先主動接近你，但只要你提起自己有意在當地創業，她就會開始動起來，向你提出各種問題：你對公司的展望為何？你想要達成哪些目標？你需要哪些協助？她會教你怎麼寫商業計畫書，在麥當勞幫你遞名片。隨著經商成為遊牧工作族的生活模式，鄉村地帶的自僱比例也稍微高出近郊和城市，而泰瑞莎會竭盡所能確保你的公司在當地存活。

　　她可能會邀請你參與每月一次的 NKEF 知識董事會，也就是大約 75 名地區企業家和小公司老闆組成的智囊團，在當地餐廳的宴客廳傳授忠告。沃西納的無麩質咖啡廳瑪麗安東妮烘焙坊（Marie Antoinette Bakery）的生意不如預期時，芮妮・納瓦羅・福斯便請知識董事會提供點子。「多元開發所得來源！」他們這麼告訴她，在人流有限的小鎮，「我們最常問客戶的問題就是：『你是否有可以進行暗盤銷售的產品？』」泰瑞莎說。

　　NKEF 成員協助芮妮研擬一份計畫，將她的麵包糕點賣給批發商，並幫她和堪薩斯州立大學的食品科學家牽線，為她的食譜測試營養價值和保存期限。NKEF 幫她安排申請商業貸款，芮妮

因此找到幫忙量產包裝產品的設施。現在瑪麗安東妮的無麩質產品在 175 家中西部雜貨店販售。

以上服務完全不收客戶一毛錢，泰瑞莎的薪水來自 NKEF 五個郡的捐款，包括知識董事會成員在內、所有人都是義工，其中不少都是之前深受 NKEF 協助的人。「我們只是想助他人一臂之力，」泰瑞莎說，「真的只是無私舉動。」

當然不可能完全無私，就像肖爾斯遠距計畫不是單純讓遠距員工賺飽好處，NKEF 打造區域企業生態系統的背後有一個不可告人的動機，那就是：創造更多就業機會的潛能、更高租稅收入，以及單純支撐某地的經濟存活，否則他們的居民可能會到其他地方追尋到哪都能工作的美夢。他們希望你的事業成功，不單純是因為帶給你成就感，而是因為你的成功可以為鄰居打造更廣大的經濟價值。

不過，**企業家也能創造公民經濟價值，為社區上下的居民打造美好生活**。一份荷蘭研究發現，當地公司老闆較有可能干涉社區問題，研究員覺得這或許是因為他們在當地的時間較久，因此有更多機會為當地的環境議題發聲，另外也是因為他們深信自己解決問題的能力。[15] 與此同時，貝勒大學（Baylor University）的研究指出，要是當地有數量充裕的零售店，也就是生活品質不可或缺的指標，那麼教育程度高、每座城市都搶破頭爭取保留的人才，就更有可能留下來。[16]

十八年來，NKEF 總共協助超過 1,500 名客戶，最後逾 266 個事業開張。最近知識董事會幫芮妮找到一棟建築，幫她擴增烘焙坊生產線。有陣子芮妮曾經考慮把事業移往供應鏈更充足的大城市，但現在她已經離不開堪薩斯州鄉間，對於她在當地接收的

熱情協助心懷感激，最後選擇留了下來。

高潛能地理：中等規模，前景看好

　　即使是像我這樣的個體戶，創業往往也不能缺少人際關係。耶魯大學管理學院（Yale School of Management）社會學家歐拉夫・索倫森（Olav Sorenson）寫道：「看見別人創業，尤其是你認識且覺得與自己相似的人，你也會備受鼓舞，躋身企業家行列。」[17] 在一座城鎮內和企業家比鄰而居，你就會相信他們做的事你也辦得到，可以幫助你挖掘商機，並且合理化你的事業道路選擇。**要是你的鄰居是企業家，你嘗試創業的機率也會提升。**

　　傳統上，**在對的地方與對的人來往，助長企業家尋得資金著落。** 在美國，78%的創業資金都集中在三大州：加州、麻薩諸塞州、紐約州。[18] 我曾經聽說來自曼哈頓的風險資本家解釋，每當她發現自己有興趣的公司，除非創辦人有意將公司遷址至紐約市，否則她不會投資，如此一來，她才能運用當地的個人網絡，提供指導教學、人脈網絡、供應鏈指引。

　　總部設於加州門洛帕克（Menlo Park）的紅衫創投公司（Sequoia），距離史丹佛大學 1.6 公里，而該公司的選點規則甚至更嚴格：要是他們無法騎自行車抵達某間公司，他們就不會投資。[19]（他們早期在 1977 年投資的公司中，有一間是名叫蘋果的小公司，所以這規則看來對他們頗管用。）

　　「僅限本地」的方法現在可能不受用了。這些年來，不少投資公司反而鎖定投資舊金山、洛杉磯、波士頓、紐約等主要大

城以外的公司企業。在線公司（AOL）的創辦人史蒂芬·凱斯（Steve Case）為他的種子資金命名「他者崛起」，原因就是他主攻的是所謂的**「高潛能地理」，指的多半是規模中等、前景看好的城市**，好比鹽湖城、里奇蒙、伯明罕、萊辛頓等俱備創業生態系統的城市。[20]〔對於想在當地落腳的遊牧工作族來說，這種城市是一大福音：正如作者派翠克·西森（Patrick Sisson）所說，**中等規模的城市能夠提供「更平易近人、重視街坊鄰居的都會生活型態，而這正是許多人最初離鄉背井、漂流到大城市所嚮往的生活」**。〕[21]

另外，有的地方也會為了吸引人才，而提供商業投資，譬如密蘇里州開普吉拉多（Cape Girardeau）就向搬遷當地、至少打拚事業一年以上的企業家提出 5 萬美元的獎勵金。[22] 名為新創智利（Start-Up Chile）的計畫甚至更野心勃勃，有了智利政府擔任幕後金主，該計畫首年就為 22 間、14 個不同國度的新創公司推出大約 25,000 美元的資金，另外加碼提供免費辦公空間、指導教學、頒予創辦人可在當地工作生活的 6 個月簽證，目標是將智利變成世界最強的創業生態系統之一。[23]

在後疫情時代的世界，地理與投資資金之間的聯繫可能比較寬鬆。「大家到處投資，到處和世界各地的人開會，」遊牧工作族兼 SHE 情緒健康社群網站（主要目標群眾是性別認同為女性的青少年）的執行長麗娜·派特爾（Rina Patel）如是說。麗娜是非常珍視地點自主性的四海為家型，嚴重到她是工商管理課程當屆畢業生中唯一一個拒絕辦公室工作的人，只因她害怕辦公室工作會限制她選擇居住地的能力。「這或許是很千禧世代的症狀吧，」她打趣地說。展開自己的新創公司讓她能保持靈活彈性的

地理位置，一聽說這陣子以來許多年輕企業家都住在邁阿密後，她也跟著搬了過去。[24]

近期與潛在投資人開會時，對方還這麼勸告麗娜：「如果投資人要妳為他們搬到某座城市才肯投資妳，那妳跑越遠越好，因為這根本不該是投資妳公司的先決條件。」你大可提出一個驚為天人的點子，同時保持遊牧工作族的身分。話雖如此，許多小規模融資來源還是以當地為主，銀行、信用合作社、非營利組織都得先認識你，才比較敢放心批准融資。即使是珍妮・艾倫為了酸種麵包坊而採用的群眾募資，都需要仰賴當地金主。

不過，對多數企業家而言，最常見的新創資金還是自己的存款。儘管如此，選對地點也有幫助。

亞莉安娜・歐德爾（Arianna O'Dell）一時衝動、辭去紐約市的工作時，她（不算完全合法地）轉租她的公寓，每月淨賺400 美元，並利用這筆錢搬到西班牙的巴塞隆納。眼見經費即將見底，她展開自己的行銷設計公司，成為 3 成是因出於無奈，而不是個人選擇才創業的企業家之一。稍後她又在她的創業成績單中加入一間電子商店及詞曲創作事業。

如果你在紐約市的生活開銷是每月 5,000 美元，你在西班牙聖地牙哥德孔波斯特拉（Santiago de Compostela）的消費就是 1,786 美元，等於存到約莫 6 成。對亞莉安娜來說，地理套利讓她成為自己的創業投資人，換算下來，亞莉安娜五個月的個人存款大概是 6,000 美元，這筆存款則可當作她自己的事業和生活資金。[25]

要是你的居住地有人願意投資，無論是精神層面或財務方面，也不管你從事的是哪種行業，投資風氣都非常有幫助，帶給

遊牧工作族一種可能性無限的感受，允許你想住哪裡就住哪裡。
正如葛雷特‧穆恩（Garrett Moon）在《企業家》（*Entrepreneur*）
雜誌上描述：「在當前的創業年代，地點不該是阻礙人開業的藉
口。事實上，地點反而可能是一種有利資產。」[26]

大家過得好，我們也過得好

　　地方經濟就是一部機械錯綜複雜的機關，要指出哪一個零
件才是關鍵，造就出一座充滿熙熙攘攘店面的活躍城鎮，或是傾
頹公路商店街的地方根本不可能。

　　但我們都知道，一般而言充滿創業精神的社區會創造出提
高當地國內生產毛額的經濟活動，也更可能創新自己的經濟與社
區問題的解決方案，從興衰循環之中站起，強勢回歸。「在衰
弱的全球經濟背景中，我們常常看見波德（Boulder）等創業密
度高的城市發展出強大的地方經濟，」創業生態系統專家布萊
德‧費爾德（Brad Feld）在他的著作《新創社群之道》（*Startup
Communities*）中如是說。[27]

　　**新冠疫情期間，不少最堅韌強大的社區都俱備支持本地野
心與創業的設備。**拿愛荷華州迪比克（Dubuque）來說，喬丹‧
迪格瑞（Jordan DeGree）會定期在他的創新實驗室（Innovation
Lab）指導小鎮企業家，與小鎮企業家在這間位在市中心的加速
器兼共享工作空間開會。2020 年春天的封城威脅著所有人的事
業，喬丹的生意模型當然也深受衝擊。[28]

　　於是，喬丹內心萌生一個大膽想法：何不讓社區組織提供

資助，免費指導小企業老闆撐過疫情？由公共事業董事會贊助經費，銀行和社區基金會也加入贊助行列。創新實驗室轉型成為逆境求生指導教室，與瑜伽老師茉莉・薛雷伯（Molly Schreiber）等企業家進行一對一教學。茉莉在三十多所小學經營正念冥想課程，卻因為疫情全數取消而心慌意亂。「這樣下去我會丟了合約的，」她告訴喬丹，「屆時我們得解雇員工，我不知道我的事業是否還經營得下去。」

喬丹說：「好，我們可以從這個切入點開始。」

幾堂課下來，他已幫茉莉想出辦法，將她的服務轉為線上教學，就此展開全新虛擬模型，不到一年，茉莉的課程已經爆炸式拓展至 215 間學校，她還得僱請 5 名新員工，整體營收增加了300％。

疫情爆發首年，喬丹和他兩名隊友指導的一百多間公司中，85％回報正面成長，意思是這些企業家居住的中西部小鎮情況可能也跟著好轉，喬丹認為這就是遊牧工作族的全面大勝。喬丹告訴我：「如果我們變成同質性高、風格模式同樣的國家，你就不能給人機會，選擇適合自己的地點、事物、方式。」

要是企業家蓬勃發展，遊牧工作族也是。你也許不會經營一門需要他人給予求生指導的事業，或是像珍妮・艾倫創辦一間左右你的移居安定型命運的實體烘焙坊，但是身處一個可以提供支持、指導、金援企業家等設備的社區，意思是如果你想要就辦得到，光是這個想法就讓人心滿意足。**身為遊牧工作族，無論你從事什麼行業，一個地方的文化要是支持野心和機會，你或許就更有成就，遑論是在一個愈見活躍的地方過得幸福快樂。只要大家過得好，我們也過得好。**

選點策略課堂：創業精神

遊牧工作族不用非得經營自己的事業，才能受惠於某地強大的創業生態系統，該生態系統也可能讓你變得勇於嘗試、承擔風險、實踐你工作與人生中的好點子。以下是在社區尋覓並支持企業家的方法，也許還可以給成為企業家的點子。

1. **主動尋覓商會：**在大多社區裡，商會就是小企業雇主的資源中心。出席人脈活動、報名創業訓練營，也許甚至可以加入委員會。現在也有更多商會積極將服務目標鎖定遠距員工。

2. **報名指導課程：**請別人幫你看看公司的情況有助於創意和革新發想，喬丹‧迪格瑞說這就是集體成功的關鍵。如果你找不到免費課程，或許可以僱請當地的成功企業家，與他進行諮詢。

3. **投資當地：**我在 Kickstarter 群眾募資網站的搜尋框輸入現居城鎮時，螢幕上跳出 81 個募資項目，包括一名需要他人幫忙印刷漫畫書的當地藝術家、一名打算開餐酒館的企業家、一個計畫開紮染 T 恤店的人。不妨把錢投資在具有創業夢想的本地人身上吧。

4. **參加新創公司週：**俱備企業精神的社區會舉行商業計畫競賽等活動，並開放民眾自由參與（觀眾往往可以參加活動及投票）。

5. **加入 100 萬杯咖啡，或是將該活動引進社群：**100 萬杯咖啡是考夫曼基金會（Kauffman Foundation）創始的免

費計畫，目前已在全美 150 個社區開設分部，從南達科他州阿伯丁乃至加州尤巴城都可見其身影。企業家和社群會員以咖啡會友，每一次都為不同企業家提供團體腦力激盪、提出意見反饋。現在就上 1MillionCups.com 網站搜尋該計畫吧。

6. **閱讀當地商業刊物：**堪薩斯城和克里夫蘭等大型社區會製作本地雜誌，可能是線上雜誌形式，也可能有平面出版刊物，記錄描述地方商業社區的近況動態。如果一座城市有自行出刊的雜誌（或甚至在地方報紙專門設有商業專區），這就是一個地方積極經營創業生態系統的良好指標。

7. **如何創辦一間公司：**展開你夢想已久的副業需要哪些條件？居住城鎮的網站應該會提供指導教學，如果可以在線上申請營業許可證甚至更優。

地點研究個案：美國緬因州卡姆登

人口數量：4,850

- **傍海而居：**距離〇公里，不過真正的海港位於彭諾斯科特灣（Penobscot Bay）。
- **最為人所知的特色：**富裕菁英的夏季度假屋勝地，作家大衛・麥卡勒（David McCullough）和製片人 J・J・亞伯拉罕（J. J. Abrams）都名列其中。

- **為何這裡是展開事業的好所在**：因為鄉間生活非常需要遊牧工作族發揮獨創性。艾莉莎・赫斯勒（Alissa Hessler）愛上未來丈夫時，他剛在緬因州中部海岸簽好一份房貸契約。對於加州土生土長的艾莉莎而言，緬因州給人的印象就是「龍蝦和寒冷」。不過最後愛的力量戰勝一切，她毅然決然辭去科技公司的全球產品發布工作，搬到卡姆登。為了賺錢，艾莉莎和雅各共同創辦了一間平面設計公司，架構網站、拍照、寫文案、幫當地公司打造行銷計畫，亦開設目的地攝影班。「過去在都市的不同事業中習得的技能全被我派上用場，為自己開闢出一條道路。」她說，要是她還待在城市，這一切就不會發生。29

- **為何鄉村的入門門檻低**：因為鄉下有更多需要補足的空缺，競爭也相對沒那麼激烈，再說營運費用較低也有幫助。艾莉莎建議大家先做好功課，了解當地缺乏哪些服務 —— 咖啡廳？書店？補教中心？得出答案後，就在當地提供所需服務。有對在另一座緬因州小鎮開啤酒廠的夫妻，事先詢問鄰居想要什麼樣的服務，最後開了這間啤酒廠（融合現場音樂、戶外窯烤披薩爐、冬季編織課程）。「當鄉下居民看見年輕人搬來，並且敞開胸襟與當地人交談、展開全新事業，當地人就會表示支持的善意，」赫斯勒說。現在「整座小鎮都覺得自己參與了這場商業活動。」

- **幻想與現實**：自從搬到緬因州，赫斯勒夫婦便創辦一間休閒農場，但其實沒有聽起來那麼光鮮亮麗，畢竟需要刷洗糞便和砍伐木柴，「我不得不說，我在這裡的生活比在都市辛苦，但是這些體力活更能帶來成就感。」

- **奇特賺錢術**：鄉村地帶的居民喜歡以物易物，艾莉莎提供行銷和設計服務，曾經換來免費針灸服務、冷凍雞肉，以及她在卡姆登最愛亞洲餐廳的泰國料理。
- **小鎮企劃**：為了記錄其他城市鄉巴佬來到鄉下生活的故事，艾莉莎開創了網站 UrbanExodus.com，後來網站變成一本書，還發展成播客節目。與眾多鄉村的遊牧工作族交談過後，她發現他們尋尋覓覓的是自力更生的能力、可以親近大自然、更高的生活品質，以及讓錢增胖。「如果你可以在紐約市皇后區買下一棟單人套房公寓，這筆錢到了鄉下地帶可以買到一棟以畝為單位的五房房屋。」艾莉莎說，「如果你可以做你正在做的工作，卻又不必非得住在城市，又何必執著於大城市？」

第 7 章

鄰里街坊，
就是你的同事

選點策略價值：連結

　　凱特・施瓦茲勒（Kate Schwarzler）常去奧勒岡州獨立市（Independence，擁有 1 萬人口），可是也是多年後才恍然大悟：「我好喜歡這裡，這就是我在理想居住地打造人生的機會。」[1]

　　凱特的父母住在獨立市，每次回家度假和度過暑期連假週末時，她都親眼見證零星的經濟振興以斷斷續續的慢動作進行：某次來訪時，她發現一棟市中心建築正在整修，下一次來時又發現開了一家新麵包店。

　　她很好奇擔任景觀設計師的自己，是否可以融入當地。在她居住的丹佛，要是某份工作收尾告終，你只需在城市找另一份工作就好。獨立市比較類似凱特童年生活成長的伐木小鎮，完全仰賴單一產業，所以當伐木業分崩離析，人口 900 位的哈爾西（Halsey）也跟著一落千丈。凱特在獨立市得出的心得感想就是：「如果你想要一份好工作，最好自己帶一份來。」

　　於是，凱特就這麼做了。起先她展開一間景觀設計顧問公司 CREO Solutions，事業發展順遂，她卻不免懷念在辦公室與同事辦公的時光，內心懷疑獨立市也有跟她一樣隱沒人群的遊牧工作族：內心渴望一個內建工作社群的遠距工作者、自由接案人、企業家、顧問。

　　獨立市市中心的一棟美麗古老歌劇院已經空置十年，於是凱特靈機一動致電房東，跟他說她想在那裡開一個共享工作空間。房東一口答應了，還主動提議要幫忙翻新到良好狀態。2016 年 4 月，凱特拉開了印迪交誼廳（Indy Commons）的大門。

　　不少人描述過共享工作空間的興衰起伏，其中最知名的案

例莫過於 WeWork。WeWork 是兩個企業家成立的共享工作空間，概念是在他們的布魯克林區大樓出租空辦公室。到了 2015 年，WeWork 在全球共有 54 個共享工作空間據點，3 萬名客戶在手足球桌前及其他共享工作空間內搏感情，包括風格奢華的女性專用空間 the Wing，搶攻市場占有率。[2]

2020 年 WeWork 的情況急轉直下，遭受管理不當和財務不透明等情況等指控，該公司的 470 億美元價值在一個月內驟降 7 成。離經叛道的共同創辦人兼首席執行長亞當·諾伊曼（Adam Neumann）下台負責，最後就連首次公開募股計畫也被打入冷宮。[3]

另一方面，類似 WeWork 的場地不只是出租辦公空間，他們也販賣滋養扶持的工作社群概念，而這個概念至今仍有狂熱粉絲。在 WeWork 會員中，54％的人表示 WeWork 加速了他們的公司成長，[4] 另一份民調則是指出一般的共享工作空間的使用者中，有 9 成的人很滿意自己的決定。[5]

雖然辦公室的概念在疫情期間受到重創（隨便舉一個頭條為例：2020 年 4 月號的《經濟學人》頭條就宣告「辦公室之死」），但是辦公室仍然有一個值得嘉獎的功勞，功不可沒，那就是：將人在同一個空間相遇。[6]

人喜歡彼此相聚陪伴，有的員工也渴望與人為伍。在一份 2020 年 10 月針對 700 名在疫情期間轉為遠距工作的全職職員研究中，受訪人表示他們最想念的莫過於同事之間的相處時光，第二想念的則是一般與人接觸，願望清單還包括面對面開會、和同事共用午餐、親自與他人合作、偶爾與人發生衝突、向其他同事效法學習。約有三分之一的遠距員工甚至想多在飲水機

旁閒聊。[7]

科技人才恐怕是最適合長期遠距工作的族群。根據某份調查，約有半數的科技公司員工在疫情期間搬家，意味著他們不再需要每日進辦公室，不過到了後疫情時代，四名員工中就有三人吵著要回辦公室工作。（不過卻有超過三分之二的人偏好混合模式，也就是不需要每週五天都進辦公室的做法。）[8]

研究顯示，要是能和同事近距離接觸，就能促進合作、更容易建立關係，因而達到更優良的溝通成效，也能更多方位了解自己的工作，刺激創新能力，[9]**其中同事之間的互動越是隨機，成果就越好。**[10]

不過，辦公室最吸引人的地方就是人類天生就是群居動物，或者至少其他人是，我一直覺得自己恐怕不算在內，身為內向體質的個體經營者，我向來習慣獨立辦公。

後來，在疫情剛爆發的階段，我曾為某份工作嘗試某個名叫「洞穴日」（Caveday）的虛擬共享工作空間。每逢團體工作的時間，我就會登入 Zoom 聊天室，和一百多位陌生人共同衝刺工作個三個鐘頭，中間穿插幾段短暫的休息時間。

每次團體工作時，我們至少會和兩、三個「洞穴居民」躲進數位分組討論室，聊起彼此的各種計畫，以及我們想要視而不見的事物，好比電子郵件或生存恐懼，偶爾也會根據會議主持人的提詞進行討論：「請問13歲的你們都聽哪些樂團的歌曲？」「保持效率的最強祕訣是？」

坦白說，我從來不覺得有同事是一件吸引人的事。二十出頭還沒有自由接案時，我曾在辦公室短暫工作，那時的我每天都很害怕前輩來找我串門子，鉅細靡遺地與我分享辦公室八卦，包

括公司老闆的酗酒問題。拜託別來煩我，讓我好好工作行嗎！我很想這麼大喊，卻從未真正說出口，最終只是默默辭職。

所以「洞穴日」的經驗出乎我的意料之外，雖然只是 Zoom 會議上看見每個人的小頭影像，我發現和其他人一起工作時，自己居然意外地活力充沛而且認真負責。每當我又分心，就會盯著一張張全神貫注的陌生人面孔，鼓舞士氣、重新調整自我。我其實根本不曉得其他人都在做什麼，但很明顯大家都在認真工作，專心地嘬緊雙脣，雙眼在電腦螢幕光線前瞇成一條線，還有個男子以電影《美麗境界》（A Beautiful Mind）的風格在白板上寫出高深莫測的數學公式。

心知肚明（虛擬環境）附近的每個人都埋頭苦幹更是激發我的效率，這一點讓我大為吃驚，但是社會學家其實早就發現，要是我們感覺周遭有其他人，工作時就會更起勁。在我發出關於「洞穴日」的文章後，自己也一試成主顧。（這本書大多都是在「洞穴」團體會議上完成的。）

我不是在宣傳 Zoom 或其他取代人與人實際互動的科技工具，我想說的是，不管是哪一種互動形式，對我們都很重要，在自己選擇的地理位置或許更關鍵。

要是你在哪裡都能工作，你就能選擇自己的居住地，也能選擇平常的工作場所。沙發上？家庭辦公室？究竟該怎麼進行工作是一件值得思考的事。什麼樣的工作環境讓你活力充沛？效率十足？與他人產生連結？你喜歡獨自工作？還是寧可多讓幾個人進入自己的生活？

身為遊牧工作族，你的城鎮就是你的辦公室，也因此社區的人就是你的「同事」，而他們也可能是你未來的辦公室同伴，

所以你或許得替他們在選點策略中留個位置。

社交，就是一種工作類別

要是身邊有其他人從事相同產業，我們就能達成更高的工作成就，這便稱之為個人經濟的集聚理論。

在經濟發展中，集聚理論的定義就是產業聚集可促進成長、帶動卓越。哈佛商學院教授麥克‧波特（Michael Porter）於二十年前的《哈佛商業評論》文章中解釋，「主宰世界經濟地圖的，正是我所說的商業集聚，也就是某專業領域（在某地）展現罕見競爭實力、獲得成功的群聚效應。」[11]

北卡羅萊納州的家具製造商、波士頓的共同基金公司、義大利北部的高檔鞋工業，就連你按下一顆按鍵就能隨心所欲訂購商品也包括在內，「全球經濟的長遠競爭優勢越來越取決於當地的知識、人際關係、動力，而這些都是遠在他方的競爭對手無法匹敵的」。[12]

就像是試圖吸引科技員工，而後來科技公司也跟著進駐當地的肖爾斯，來了一間科技公司後，其他公司往往也會跟進。同業公司能夠在同一地點協同合作，吸引規模更浩大、訓練更有素的人才庫，並且分享供應鏈、發現規模經濟。對於遊牧工作族來說，集聚理論的意思是：找到一個具有同類的地方或許能讓你受益良多，而這些同行與你從事相同職業，可能是為了謀生，也可能純粹是興趣。

這是童書公司的企業對企業銷售員萊恩‧密特的想法。疫

情爆發時，居住紐約市布魯克林區的他眼睜睜看著朋友同事一一逃離大都市，出版公司內部的某位設計師搬到佛羅里達州，一名行銷人員則是遠走納什維爾。「我想大概幾乎所有團隊夥伴都不住紐約了吧。」他告訴我。[13]

於是，他的租屋合約在 2020 年 10 月到期時，他就打著兩大集聚理論的理由搬到德州奧斯汀。第一，他有幾個朋友住在當地，他可以善用朋友在當地的人脈。第二，他知道奧斯汀是幾間大型教育科技公司的基地，而他正好想要轉換至這個領域。他利用 Zoom 牽線認識當地朋友的朋友，並主動聯絡現有的聯絡人，找到門路打進他有興趣的公司。

至於社交方面，奧斯汀則是比萊恩想得困難多了。有時，奧斯汀南方人的善意讓他早就習慣紐約都會生活的大腦摸不著頭緒，譬如在雜貨店的收銀員熱心和他閒聊，該不會是在搭訕他吧？他應該約她出去嗎？**遊牧工作族面對的難處，就是他們並非就自然而然有新同事，而是得自己積極拓展全新社交及商業網絡**。「大多數的人主要是透過工作，與居住當地社群產生連結，」某科技公司的駐外總編尚恩・布蘭達（Sean Blanda）告訴《衛報》：「少了工作這層人際關係，你就得自己多加把勁與當地產生連結。」[14]

社交，基本上就屬於一種工作類別。某份研究將社交歸納在數位遊牧民族的四大勞動分類內。（其他三大分類是規劃、時程管理、統整等銜接工作，撰寫、編輯、編碼等深度工作，以及與客戶或共同創作者的協和工作，也可說是另一種社交。）[15]

某天的工作勞動是否需要你和他人協同合作或搭上線，都可能改變你這天偏好的工作環境。也許私人家庭辦公室或工作室適

合埋頭苦幹的深度工作，因為這類工作通常需要獨力進行。但是說到社交、合作，甚至是集中力要求不高的銜接工作，你可能傾向與自己的同行一起進行，而這時共享工作空間就是一大法寶。

萊恩喜歡的共享工作空間是「洞穴日」，而我也是在那裡認識他的。不過，尋尋覓覓型或四海為家型的遊牧工作族，或許在與人面對面接觸的地點更如魚得水。根據一份研究，十個員工之中就有九人指出，加入共享工作空間後，他們的心靈更為滿足，工作方面也大幅提升。大多數的人表示共享工作空間幫助他們拓展事業網絡，提高工作效率，一半的人則是說共享工作空間帶給他們全新的工作機會。16

海軍老公調派到峇里島後，遊牧工作族依斯特・因曼（Esther Inman）也深有同感。峇里島吸引人的地方之一就是廣大的共享工作文化，彷彿島上所有旅居當地的企業家和數位遊牧民族都聚集在那十幾間共享工作空間。17

依斯特覺得當地的氣氛令人為之振奮。「大家都在從事很酷的事業，而你就身在其中。」她說。「如果你抱持著『噢，我做不來，太難了啦，沒人想聽我說話』的消極想法，但身邊都是『不會啦，沒錯，就是這樣』心態的人，這種負面思維就會煙消雲散。」

就某方面來說，**積極活躍的共享工作空間可能演變成一個小型企業生態系統，成員認可贊同彼此的構想、即刻從旁提供指導，在在證實了只要努力工作，你也能成就超酷事業，而且就在自己身旁的辦公桌前發生。**

在忙碌喧囂和野心勃勃的環境中工作，對依斯特不只是一種精神鼓舞，也提供了實質幫助。她本來經營一間虛擬助理的線

上職業介紹公司，當時正在考慮轉換聚焦，改為創辦線上訓練課程。在位於峇里島倉古（Canggu）的共享工作空間裡，同為數位遊牧民族的夥伴都充滿熱忱，其中不少人創辦線上課程。「大家都說『對啊，妳應該開線上課程，讓我來告訴妳為何非開不可。我可以用這些方法幫妳。我有這項資源。妳應該上她的播客節目當嘉賓。』」依斯特回憶當下。「可是換作在美國，這種事我該找誰討論？大概和我的指導老師在 Zoom 虛擬會議中討論吧？可是兩者完全不一樣。」

　　慷慨的資源共享，讓不可能的事變成可能。依斯特有個朋友在峇里島創辦時尚品牌，儘管對於時尚流行產業知識不足，但共享工作空間的同事正好認識附近一間優質工廠，因而幫上大忙。

　　有些共享工作空間擅長培育創新精神，角色很類似非正式的孵化器或加速器公司，也就是專門協助事業開發成長的機構。工作環境中有那麼多企業家和思想先進的人，大家的思考框架跟著拓寬，工作時也更願意傾盡全力。

　　對於依斯特這樣的四海為家型，套用社會學家歐登伯格（Ray Oldenburg）的說法，共享工作空間就是一種「第三空間」，算不上是辦公室（因為全靠大家自發前往），也不是自己家，而是介於兩者之間、一種孕育連結和創造社群的空間。[18] 依斯特在峇里島的朋友全是在共享工作空間的晚間演講和人脈活動上認識的。

　　依斯特目前不太情願地住在北卡羅萊納州阿什維爾（Ashville），仍在經營她於峇里島打造的線上課程：虛擬助理實習班（Virtual Assistant Internship），目前已有逾 4,000 名學生報名，而她也繼續積極栽培她在海外時期喜歡的社群。她之所以

選擇居住阿什維爾，部分是因為當地有活躍企業家社群及共享工作空間的人際網絡，她可以參與加入。

她知道阿什維爾的共享工作空間或許不同，如果真是如此，她考慮自己開一間共享工作空間，經營類似她在峇里島倉古最喜歡的共享工作空間。

解決孤寂感，線上交友絕對不夠

要是遊牧工作族一起工作，事業成就就會大大提升，也比較可能愛上社交活動。數字龐大的 83％表示，共享工作空間讓他們不那麼孤單，而超過半數的人表示，他們在下班後或週末也會和共享工作空間的同事相聚。[19]

這並不是什麼不足為奇的小事，根據一份信諾（Cigna）保險公司的調查，孤獨的趨勢逐年升高，61％的美國成年人聲稱他們一直以來或偶爾感到孤單，而這對於身心都造成不良後果。[20]楊百翰大學（Brigham Young University）的教授團隊從幾份研究的總結得出一個驚人結論，那就是長期寂寞和與世隔絕可能和肥胖症、酗酒、每天一包香菸的習慣同樣有害健康，導致縮短大約5 年壽命。[21]

不是每個獨處的人都會感覺孤寂，前提是你渴望的連結與實際擁有的連結程度有所落差，這種時候寂寞才會悄悄找上門。每個人的性格和社會支持系統不同，作為遠距工作者或自由接案的遊牧工作族，你可能會懷念規律的人際關係與接觸，也有可能不會。

不過一般來說，對大多人而言孤寂感受有逐漸上升的趨勢，寂寞的成因也是五花八門又無所不在，包括使用社群媒體（73％的社群媒體重度使用者表示覺得寂寞）、心理健康問題、不確定性，以及離婚、退休，搬到新城鎮等經歷人生巨大轉折，[22] 而身為遠距工作者也可能加劇這種寂寞感受。

2010 年，中國旅遊公司攜程（Ctrip）的主管想嘗試讓員工改成在家工作，看看是否可以節省上海辦公室的昂貴租金，當時大約有 125 名客服中心員工舉手報名，模擬測試這個想法的效果。

九個月後結果出爐，在在證實了遠距工作組的效率比待在辦公室的同事高出 13％，他們休息時間減少，也比較沒人請病假，完成更多通客服電話。攜程主管開心到飛上天！看看他們把員工送回家可以省下幾百萬美元！

可是，後來壞消息卻上前敲門。在家工作的員工家中都備有充當辦公室的空房，家裡沒有孩子，也沒有室友干擾，可是多數人都表示想回去辦公室工作，這是為什麼？根據史丹佛大學經濟學教授，也是該研究領導人尼可拉斯・布魯恩（Nicholas Bloom）的說法：「寂寞就是唯一主要因素。」[23]

每五名遠距員工之中就有一人表明，疫情蔓延前寂寞早就是他們最大的問題，[24] 而疫情期間硬性實施居家辦公，情況便可想而知惡化了。一份英國調查指出，超過半數員工指稱寂寞就是他們想回去辦公室的原因。「我認為，年輕人尤其需要人際連結，」總部設在倫敦、執行此調查的人力資源顧問公司 People Collective 共同創辦人麥特・布萊德伯恩（Matt Bradburn）如是說。[25]

人類天生就是寂寞的動物，由於四海為家型在一個地方待的時間不夠長，因此培養不出堅穩扎實的社群羈絆，尋尋覓覓型則是面臨人生轉折，搬遷後及在全新環境中必須重新打造人際網絡，就連移居安定型都得當心，儘管他們將心血時間投注於現有的社群網絡，偶爾可能仍得向外拓展社群。

身為一名遊牧工作族，你必須在現居地精心經營及維繫人際網絡，只憑線上交友是絕對不夠的，參加趣味猜謎遊戲之夜時要是沒有朋友和你組隊，或是外出遠行時沒有鄰居在幫你餵小狗吃飯，無論你身在何方，都很難產生家的感覺。

蒂芬妮·葉慈·馬丁（Tiffany Yates Martin）打趣地說，應該要有一個專門找朋友的 Match.com 約會網站。身為一個到哪都能工作的作家兼編輯，她在 2007 年搬到奧斯汀，一週不到就認識她的真命天子喬爾，可是她仍記憶猶新那一年的她有多孤獨。[26]

蒂芬妮每次搬家時，新居地幾乎都早已內建工作、學校或社群，只等著她到場。奧斯汀是她成為遊牧工作族後第一個搬遷的城市，單純因為她想搬去奧斯汀。這意思是「一切都得從零開始，」她說，「而且花了我不少時間。」

蒂芬妮學到一課，那就是若她想拓寬她狹小的人際網絡，就得先發制人。一開始，她先把重點放在尋找和她背景相似的對象，鎖定的往往都是作家。她在《奧斯汀紀事》（*Austin Chronicle*）週報中，發現一個評論文章寫作團體的活動行事曆，於是主動加入，後來她經指派為某位當地作家審稿一本書，後來和對方結為死黨。

她甚至加入美國言情小說作家（Romance Writers of

America）的奧斯汀分會。「我不是言情小說作家，但確實創作女性小說，」蒂芬妮說，「其實沒有太大差異。」工作熱忱和她的個人興趣接上軌道，而工作上的人際連結最終發展成真摯友誼。

蒂芬妮學到一件事，那就是即使是超級友善的人，到了某個新環境，社交連結也不會從天而降，你可能需要加入某個早已存在的小網絡，像是教會或義工組織、追蹤你感興趣的人、參加面對面的活動，或是自行安排活動，才交得到朋友。蒂芬妮現在有很多當地友人，但她還是常參加派對和工作活動，認識新朋友，甚至和住家附近的媽媽外出，但是她本身沒有孩子，只是單純喜歡這群朋友。

和約會一樣，交朋友也需要鼓起勇氣，邀請你剛認識的人出來喝一杯咖啡或登山健行，或是出席一場全是陌生人的會面場合，當那個初來乍到的菜鳥。

但你不會永遠都是菜鳥。最近，蒂芬妮和她的丈夫正在考慮搬家，遠離奧斯汀令人窒息的悶熱，並找一個稅率較低的地點，最後可能去北卡羅萊納州等地，可是她最猶豫不決的是要放棄她在奧斯汀結交的眾多朋友和熟人。

如果真要搬家她內心已有打算。首先，她會先找到當地的女性小說作家協會（Women' Fiction Writers Association）分部，而她本身已是該會會員。「這應該就是最簡單的做法，只需要把『嗨，我剛搬來這裡，我們有共同點哦』當作切入點，直接加入就是了。」蒂芬妮說。

如何為政治理念選點？

有的尋尋覓覓型想要搬到新地點，原因莫過於現居地的政治觀點與自己相違。一名忿忿不平的阿拉巴馬州居民告訴我，逃離她生活的保守小鎮，搬到深藍城市是她選點策略的首要要素。

這種衝動完全可以理解，但也令人深感遺憾。[27] 一份2019年的美國政治黨派研究顯示，全美國正逐漸走向無法容忍政治觀點異己的局勢。由於美國人一般會選擇搬到符合自己政治傾向的郡，這種自我分類的趨勢恐怕不減反增。

擁有幾個與自己政治理念相反的朋友是很健康的事，對你自己或者國家本身來說都是。如果政治傾向是你的選點策略之一，可以考慮不是場場選舉都固定支持某個政黨的搖擺州。再不然就尋找一個過去常常票投紫色的郡，要是投票結果平均分散於民主黨和共和黨，已說明了當地具有政治容忍度。

一起生活，共居打造歸屬感

顯然，人人都在尋覓社群和歸屬感，工作上也好，居住地也罷。「家就是社群的所在，」未來主義者凡妮莎・梅森（Vanessa Mason）說。[28]

真是真的，她預測未來**我們會利用群居的形式，在這破碎世界中打造出歸屬感**。「晚婚和現代職場壓力抹煞了核心家庭的

價值，核心家庭不再是可行的社會文化組織，這種時候共居就獲
得新生。」

　　梅森的意思是共居（或共住）恐怕不是你所想像的嬉皮社
群。她形容**年輕人在同一個街區買房、同一棟大樓租借公寓、安
排集體托嬰，或是集資投資微型房地產，這就是他們在遊牧生活
中尋根的方法。**

　　WeLive 是 WeWork 的其中一個分支，可供居民租借私人單
間公寓的新穎公寓大樓，主打休息室、健身房、遊戲間等共享設
施。[29] 對於只在某個特定地點待幾個月的遊牧工作族來說，該環
境提供的友情與陪伴超越 WeWork 共享工作空間，但兩者的背景
和概念雷同。

　　名為 Common 的公司甚至更進一步，讓遠距工作者共同生
活，消弭寂寞感受。Common 在紐約、舊金山、西雅圖等九座美
國 HCOL 城市出租私人房間，共享套房的氛圍是仿效大學宿舍
的進階版，因此住宿當然比較便宜，但大多居民之所以選擇這種
套房，主要還是為了共同工作、生活、玩樂的體驗。[30]

　　瑪麗亞・瑟爾丁（Maria Selting）在瑞典斯德哥爾摩選擇的
生活方式就是集體住房。她曾在 2016 年 9 月於巴塞隆納組織一
個名叫 100 Tjejer Kodar（意指「100 女子密碼」）的營區，最後
愛上夏令營的氣氛，並加入一個名為 WiFi 部落（WiFi Tribe）的
數位遊牧民族團體，與部落族友的情誼讓她得以重溫 100 女子密
碼的感受。[31]

　　瑪麗亞是遊牧工作族，服務的金融公司總部設在斯德哥爾
摩，她和 WiFi 部落的好友共同組成一個微型經濟集聚群組，雖
然他們的工作內容和她不大相同，大多都是內容創作者、開發

師、自由接案人、小企業老闆、音樂家，但他們卻成為她名符其實的同事，她從這些朋友身上學到全新的工作方式。「我向來是超級自律的乖小孩，」她說，「你也知道，就是那種會設定鬧鐘，早上準時起床，上班前去健身房的類型。」她的座右銘是「沒有咖啡解決不了的問題」。

如今她套用全新的生活節奏。睡眠充足，睡到自然醒，並限制坐在辦公桌前的時間，感到疲累時就出去散散步，配合體力顛峰分配工作時間。不可思議的是，屁股黏在椅子上的時間縮短了，工作效率卻不減反增。

正因如此，瑪麗亞人在海外時遇到新冠病毒襲擊實在可惜，她不得不慌張搭機飛回瑞典，空蕩蕩的公寓令人感到孤單寂寞，瑪麗亞表示，她很想念她的部落族友，以及「可以彼此產生歸屬感的朋友培養出充滿人情味的連結。」

為了再次複製 100 女子密碼的體驗，瑪麗亞搬進斯德哥爾摩的一個共同住宅社區。共同住宅在瑞典並非罕見，尤其是房地產售價高漲到千禧世代和 Z 世代的人買不起。（瑞典名詞「mambo」形容的就是二、三十歲買不起公寓、仍與父母同住的青年。）[32]

瑪麗亞也很清楚，身為個人主義較濃的國家之一，瑞典在世界的寂寞指數得分很高。共居讓她在自己扎根深厚的城市，以移居安定型的身分複製她四海為家型時期的社交生活。她不斷思忖全新環境的優缺點，甚至開了一個關於共居的播客頻道，計畫慢慢發展屬於自己的共居空間。

對於 WiFi 部落而言，共居並非完美替代品，WiFi 部落的「每個人都在同一天入住、同一天退房，大家同進同出，處於同一階段，並在同一段時間內認識彼此，共同體驗生活。」瑪麗亞搬進

她的共居空間時，有的居民已在那裡生活兩年。（更別說疫情又壞了好事。）

不過，瑪麗亞還是很珍惜從他人身上學習，他們不是保持距離的職場同事，而是感情密切的朋友、貨真價實的「大雜燴家庭」，他們可以指引她的工作方向，激勵她、鼓舞她，而她也打算繼續在斯德哥爾摩尋找這種感受。

2020 年 8 月，共居公司 Common 宣布經營模式進入全新階段：創建功能類似共居公寓的「遠距工作中心」，結合年輕遊牧工作族的辦公室，目前該項計畫正在紐奧良、阿肯色州本頓維（Bentonville）、猶他州奧格登、北卡羅萊納州洛磯山城（Rocky Mount）、紐約州羅徹斯特（Rochester）建設。[33]

與也想和他人一起工作生活的人，在你想要落腳的地方一起工作生活，似乎就是遊牧工作族打擊寂寞的聖杯。

共享工作空間的好處

2020 年，明顯改寫了人們共同工作的公式，正因如此，黛博・布朗和貝琪・麥可雷等小鎮顧問開始指導鄉下社群，應該如何吸引到哪都能工作的人，普遍情況下他們會建議三件事：更優良的網路連線速度、更多讓遠距工作者相聚的空間，包括咖啡廳、圖書館、可以充當第三空間的專屬共享工作空間，以及舉辦有助遊牧工作族認識連結的活動。

黛博向一個在德州朗德羅克（Round Rock）創辦遠距工作社群的朋友提點，可以邀請大家前來相聚，在充滿效率的集體氛

圍中埋首衝刺自己的工作。「有幾週只有她一人，」黛博說，「有幾週會來一大群人，而這就是社群的開始。」[34]

凱特・施瓦茲勒在奧勒岡州獨立市開辦印迪交誼廳，每張大桌月收 300 美元時也是這麼想的。[35]

不是所有人都贊成小鎮需要共享工作空間，有的當地人告訴她，她絕不可能成功——她是來自丹佛的都市人，根本不屬於本地，除非她在共享工作空間裝一台傳真機，否則沒人會來。

凱特把門檻設地很低，告訴自己兩年內能有 16 張辦公桌的客人就算成功了。不過，開店初期人氣依舊低迷，「我早就知道會這樣，但就算知道了，內心也沒有比較好受，」她說，「大多時候我只是向別人說明我正在做的事。」

有天，剛從明尼蘇達州搬到獨立市、自行開業的律師唐娜加入了印迪交誼廳，這樣一來她就不必只在自家廚房餐桌工作，還有一個辦公空間。後來某個搭建網站的男子也租用一張辦公桌，越來越多律師加入，其中有個男顧客是爆破公司的老闆，還來了當地眾議員。

凱特知道客人每月花 300 美元，絕對不只是為了免費咖啡和網路，而是為了社群而來。**在共享工作空間裡，你可以獲得反饋或立刻聽見精神喊話，有時兩個完全不同產業的會員會開始閒聊，其中一人提出令人耳目一新的建議，因而幫忙解決了對方的問題。**有一次，某位會員問凱特：「我有很多東西要寄送，請問郵局是最好的管道嗎？」這時，某張遙遠辦公桌傳來一個微弱卻堅定的「不是」，還同時亮出一個簡便運送的網站。「正是這種情況，會讓人覺得身邊有其他專業工作人士，甚至即使只是有人都非常好。」凱特說。

對於印迪交誼廳的會員來說，**光是身處一個認真的工作空間就能讓人使出渾身解數，全神貫注地邁向成功**。一位《紐約時報雜誌》作者描述自己加入 WeWork 的心得是「工作效率變高、不那麼迷失自我」。[36] 就算和鄰居工作只能獲得這些，恐怕也已經足夠。

不過，凱特的理想更為遠大。最近，她把印迪交誼廳的位置換到一間老舊餐廳，以便供應更多設施，例如播客室和額外的活動場地。在共同商業廚房中，當地農夫可以把 227 公斤的過剩番茄製成自有品牌的番茄醬料，或是開課傳授學員自製醃漬食物的技巧。以小規模來看，這形成一種經濟集聚，無論是遭遇人生的高潮或是低谷，會員都更有實力應對變化莫測的產業。「重點是大家彼此互助，團結力量大吧？」凱特說。

她的終極目標是，協助鄉村社區的農夫、企業老闆、社群會員、遊牧工作族培養出賺取利潤、自我謀生的能力。如果進展順遂，印迪交誼廳便可為其他小鎮當開路先鋒，示範不依賴單一產業或單一雇主的做法，而不是整座小鎮的存活都得依憑他們。小鎮會變成一個堅韌的所在，遊牧工作族可以「在自己喜愛的地方，打造良好生活品質」。即使是身在名為獨立市的小鎮，她始終相信大家應該彼此依賴扶持。

新冠疫情期間，凱特以印迪交誼廳的非營利分部「地下點子中心」（Indie Idea Hub），爭取到新冠病毒援助、紓困、經濟保障法案（CARES Act）的資金，並且利用這筆經費，協助獨立市的企業家架設電子商務網站，把商品放在網路販售。她知道數位管道很重要。

但是**與居住地的人實際交流連結也很重要**，而凱特絕對不

會冒險讓人們決定跑去其他地方工作，於是最近替共享工作空間訂購了一台啤酒機。

選點策略課堂：連結

少了標準的辦公室，遊牧工作族確實得多費些心思，在居住地建構自己的工作與社交網絡，但要是能與現居地、朋友、指導老師、周遭同事建立起連結，你從職業、人際、目的性上獲得的滿足感受就會更強烈，讓你更甘心愉快地留在自己的城鎮。以下是找到自己社群的方法：

1. **加入共享工作空間**：誇耀自己有共享工作空間的社群，顯示出他們確實認真看待到哪都能工作的員工，譬如密西根州哈伯斯普林斯（Harbor Springs）小鎮創辦的共享工作空間，就在在顯示出當地政府的全力支持。
2. **發掘自己的社交切入點**：如果你的工作不用進辦公室，你就得想出其他在全新小鎮交到朋友的方法。思考清楚你要怎麼在短清單的城鎮中交新朋友，是加入公園休閒橄欖球隊？還是報名新人俱樂部？抑或在社區花園裡找一塊空地種植作物？
3. **跟隨家人的腳步**：新冠疫情期間，許多人選擇搬到鄰近親人的所在地，[37] 雖然與他人連結的需求還是存在，但多少有幫助。
4. **為本地遠距工作者開設一個 Slack 頻道**：某個佛蒙特州

柏靈頓（Burlington）的 Slack 頻道為眾多在線上工作的該鎮居民，供應虛擬飲水機。會員數量在疫情期間暴增，而他們亦透過該頻道舉辦實際聚會。[38]

5. **加入人脈網絡團體**：建立人脈可能不是你的菜（是誰的菜嗎？），但幾乎所有城鎮都有年輕專業人士網絡，要是你想試著成為全新社群的一分子，這也不失是很好的起點。

6. **規劃見面會**：創意早晨講座（Creative Mornings）是為從事創意的專業人士開設的早餐講座，每個月都有統一話題，並在世界各地設有分會。如果你的城市還沒有創意早晨講座，你也可以主動開設分會，或是在現居地組織程式設計師、平面設計師、農夫等同行之間的見面會。

7. **湊一腳（或自己組織）一場「買通關」**：將酒吧的「喝通關」改成購物血拼，通常是選擇在當地市中心的自營零售商店血拼，這也是一種支持本地商家，藉此打造出社群的做法。

8. **上一堂鄰里 101 課程**：在美國各地社群皆有提供的課程，包括密蘇里大學推廣教育（University of Missouri Extension）的線上課程，課程結束後，你就能更深刻理解為何鄰里一向是建立人際關係的好起點。

地點個案研究：美國密西根州蘭辛

人口總數：117,000

- **氣候**：年降雪量大約 117 公分（你應該聽說過密西根州吧？）但是 BestPlaces.net 網站的氣候評比卻給了該城 6.7 分（滿分為 10），當地氣溫顯然比密西根州其他地方更宜人。
- **當地特色**：擁有穹頂和尖塔的密西根州議會大廈，蘭辛也是密西根州立大學（Michigan State University）的所在地，擁有將近四萬名大學生。
- **為何這裡是尋找工作社群的好地點**：因為這裡有創建 96 年歷史教堂的共享工作空間、企業孵化器、社區中心「羽翼」（Fledge）。
- **你在本地可以找到什麼**：337 坪的藝術工作室、創客空間、會議室、每天有高達 9 場為青少年和成年人舉行的活動，從編碼俱樂部乃至鬥劍工作坊都有。「羽翼」是曾擔任軟體企業家的傑瑞・諾里斯（Jerry Norris）為了回饋出生地的心血結晶。該區的貧窮指數高，而傑瑞深信「天才會遭到貧窮埋沒」，於是 2018 年在蘭辛開設「羽翼」，經過這裡的專案式學習、實務協助、團體腦力激盪，目前粗估已誕生 600 間企業公司、非營利組織、社區專案。[39]
- **座右銘**：「我們來者不拒」。無論你有什麼樣的點子，「羽翼」的人都能幫你實現，無論是想要展開與 Grubhub 平台搶客源的電機車快遞服務、開發一款獎勵罪犯達成假釋條件的應用程式，抑或在區塊鏈上販售電子藝術皆可。

「羽翼」的其中一個基本概念就是多元包容：無論你是誰，傑瑞都希望你找到屬於自己的幸福。就算你是夢想製作永久運動機（目前有六台）的 70 歲老爺爺，傑瑞和羽翼成員都願意提供協助。事實上，該中心取名「羽翼」的用意就是希望像是以整齊隊形飛翔的鳥兒，輪流率領群鳥前進。

• 為何該組織有點瘋癲：一方面是因為他們為了競賽改裝電動滑板車，在前方裝設雷射燈光，另外也因為傑瑞相信稍微混亂的局面是很正常的過程。「每當經濟發展局和藝術委員會不知道該怎麼處置某個人，就把他們送來我們這裡，那個人最後不是成功，就是學到新事物。」經費零零星星上門，從募款人、補助金，以及近期來自小企業行政和國家科學科技委員會（Small Business Administration and National Science and Technology Council）撥出的 25,000 美元獎金都有，用意不外乎是「為將來打造一個更多元包容的研發創新生態系統」。

• 本地大思維：「我們相信我們可以建構出屬於自己的將來，」傑瑞說，「我們不用從東岸、西岸，或是中國購買未來，在方圓幾公里內已萬事俱備，可以自給自足。」

第 8 章

點燃你創意的
眾才場景

選點策略價值：創意

空中飛人攀著絲綢繩索升至舞台上方，金黃光線的襯托下背景噴出乾冰煙霧，驟然有條巨蛇布偶滑溜進場，漂浮在舞台上空 9 公尺的演員翩翩跳起雙人舞，你看得目瞪口呆，只擠得出一聲：「啊？」

美感、浮誇、滿滿的荒謬感，完全就是太陽馬戲團（Cirque du Soleil）的風格。

1984 年，曾經擔任街頭藝人的蓋伊‧拉里貝代（Guy Laliberte）和吉爾‧斯特羅克斯（Gilles Ste-Croix）在加拿大魁北克省創立太陽馬戲團。這是一種前所未見的馬戲團，沒有動物，沒有馬戲團指揮，只有驚人創意。太陽馬戲團以原創手法融合了舞蹈、音樂、體操和敘事等元素。

除了魁北克，還真的沒有其他地方想得出這種形式的表演。

這全是因為加拿大的法語區並不俱備歐洲 250 年的家族馬戲團和馬戲團學院的悠久歷史，所以沒人對於馬戲團該有的樣貌帶著任何既定期待。馬戲團是一種新鮮玩意，也因此太陽馬戲團的創辦人可以自由挑選蒙特婁最出色的藝術與文化，變出這種嶄新的表演形式。雜耍噴火的街頭藝人、國家戲劇學院出身的演員、來自眩暈舞團（O Vertigo）的舞者、蒙特婁最強的爵士音樂節樂手、深受蒙特婁崛起時尚產業啟發的服裝。以上種種都在這個大熔爐中攪拌融合，然後在舞台上傾囊倒出。[1]

一位早期的馬戲團員曾告訴研究員，也就是多倫多大學（University of Toronto）地理系教授戴博拉‧雷斯里（Deborah Leslie）及加拿大康克迪亞大學（Concordia University）的地理、

規劃、環境教授諾瑪‧藍提西（Norma Rantisi）：「多年來馬戲團藝術家都在玩雜耍，某方面來說，等於是將其他藝術影響力拒於門外，可是現在他們總算看見也感受到戲劇能創造出什麼，音樂能創造出什麼，舞蹈能創造出什麼……各項元素都更為融合到位了。」[2]

對太陽馬戲團的誕生來說，更美妙的一件事是：省政府十分重視藝術和文化，不但將它們視為公共財，並且出資贊助他們。太陽馬戲團第一份簽訂的大型合約高達 130 萬美元，簽約對象是魁北克文化部，當時文化部僱請嶄新崛起的馬戲團進行表演，舉國慶祝法國探險家雅克‧卡蒂亞（Jacques Cartier）登陸加拿大的紀念日。

翌年，太陽馬戲團開始在全國展演，300 萬美元的預算中，超過一半來自政府補助和津貼。1987 年，太陽馬戲團首次進軍國際，前往洛杉磯巡迴演出時，太陽馬戲團的表演者甚至被視為加拿大的準大使。

根據演化經濟地理學領域的說法，諸如此類的創意產業、甚至是所有行業之所以成形，共有兩種解釋。第一就是路徑依賴，其概念就是日積月累的決策和投資造就出長期的經濟命運。

想像一下，有個企業家發現某種可以製成美麗家具的當地林木，隨著這種家具的需求量增加，其他工匠也開始製作家具，沒多久伐木工都搬來該地，老師開課訓練木匠，家具製造商開發全新技術擴增產能。隨著時間過去，整個社群（也就是經濟集聚）皆圍繞著木製家具製造產業成長茁壯。

這就是路徑依賴，每次一出現全新投資目標，社群就會瞄準一條經濟路徑勇往直前。

還有第二種解釋，那就是場所依賴。跟路徑依賴一樣，日積月累的策略和創新效益舉足輕重，但是場所依賴比較著重於經濟演化的空間層面，藍提西說：「也就是機構和資源都駐留一個地點。」[3]

太陽馬戲團的經濟演化俱備前述兩種元素，但是雷斯里和藍提西偏好以場所依賴解釋太陽馬戲團發明崛起的情境。歷史影響、才華洋溢的供應商（好比服裝設計師或樂手）、政府支持與政策、文化開放及冒險等元素的相遇，以上只可能同時發生在魁北克的這個小角落，是這個地方催生出太陽馬戲團。

如今太陽馬戲團已經是全球企業，擁有超過 3,000 名員工、8 億 5,000 萬美元年盈利、在歐亞兩洲皆設有辦公室，並長年進駐拉斯維加斯、墨西哥和迪士尼世界。[4]

這就是魁北克獨有、勢不可擋的創意能量。

肥沃社群，培養出成功的天才

對許多遊牧工作族來說，創意就是我們定義自我及工作方式的核心要素。美國預估有三分之一人口從事創意事業，譬如作家、藝術家、設計師、建築師、科學家、工程師、企業家、教授。創意也為我們的日常生活添加色彩，從思索晚餐要煮什麼，乃至寫一篇引人按讚的 IG 貼文，都需要你汲取個人的創意泉源。

創意具有一種難以解釋、近乎超自然的特質。我們是怎麼變得有創意的？為何有的人就是比其他人創意無限？

希臘人把創意湧現歸功於繆思女神，然而至今創意發想的過

程還是神祕深奧，讓人對這種說法抱持半信半疑的態度。當你發想一份新食譜或是撰寫某部電影劇本，無論過程中發生什麼事，肯定都像是某種神賜的禮物。

音樂家布萊恩・伊諾（Brian Eno）認為，創意比較類似一塊巧克力碎片餅乾。

伊諾還在就讀藝術系時，學習研究畢卡索、康丁斯基、林布蘭特、喬托等偉大藝術家，這些藝術家似乎都是憑空冒出，沒來由地展開自己的藝術革命，而學校教授的解釋讓人覺得這些偉大藝術家似乎都是這麼莫名其妙登場。

後來，伊諾明白了真實情況並非如此。「真正的情況是，」他在 2009 年的雪梨音樂節上解釋，「有時是因為某地擁有肥沃土壤，有為數眾多的人參與，有的是藝術家，有的是收藏家，有的是博物館館長、思想家、理論學家，以及熟悉時尚流行、深諳時髦新潮事物的人，而當各式各樣的人物匯集在一起，創造出一種人才生態，偉大出眾的作品就在這樣的生態圈誕生。」[5]

伊諾形容，創意的生態圈類似一條勾勒出巧克力碎片餅乾外圍的線。餅乾的圓圈象徵著場所，裡面則是碎片——眾多巧克力碎片之間漂浮著不同角色的人，正如你不會找到一塊只有一顆碎片的巧克力碎片餅乾，你也不會找到四周沒有完整支持體系的藝術家。

人們以為天才是憑藉自身實力崛起，但實際上他們活在肥沃的社群角落中，某方面來說也是靠社群成員共同創造，他們才能持續走在藝術道路上。林布蘭特或許真的天賦異稟，但也必須有收藏家、經紀人、代理人及其他藝術家或思想家滋養他的創意構想，而這些多半都是他居住地及創作圈子裡的人。

布萊恩・伊諾所謂的「眾才」（scenius）概念，集結場景（scene）與天才（genius）兩個名詞，指的是一整群人的集體智慧。「讓我們暫且掠過『天才』的概念不說，」他說，「思考一下點子是怎麼在整體生態圈中演變成良好的全新思想和作品。」這裡所指的就是巧克力碎片餅乾。6

眾才曾經只是集聚於某個地理環境的產物，試想 20 世紀初的哈林區，當時的黑人思想家、藝術家、社會運動人士齊聚一堂，接二連三產出創意作品。哈林區的作家一起創作文學雜誌，社交聚會則讓他們在對的場合相聚，並且結識將他們作品介紹給廣大讀者的代理人。1924 年，某本出名著作的新書發表派對上，年輕詩人蘭斯頓・休斯（Langston Hughes）和紐約出版界的人交流，後來《哈潑》（*Harper's*）等主流雜誌便開始刊登他的作品。

哈林區享有黑人創作者搖籃的美譽，因此越來越多藝術家從美國各地前仆後繼而來，**群聚效應提升了眾人的成功率**。童年都是在佛羅里達州度過的小說家柔拉・涅爾・賀絲頓（Zora Neale Hurston），也是從霍華德大學（Howard University）一畢業後就馬上搬到哈林區。蘭斯頓・休斯事實上也是四海為家型，踏遍美國各個角落，在眾多大學院校接下客座教職，從芝加哥一路漂流到亞特蘭大。等他湊足經費買房，最後選擇在 40 年代末落腳哈林區。

這就是主要的眾才場景，另外亦有類似的創意生態圈在世界各地、不同時期開花結果，從希臘雅典、義大利佛羅倫斯，乃至紐約市，當對的人聚集在對的地方，就可能創造出超越自我的事物。

艾瑞克・魏納（Eric Weiner）在他的著作《歡迎光臨，天才

城市》（*Geography of Genius*）中描述，創意十足的天才有時會聽從內心的衛星導航，任由自己不可抗拒地被牽引至可能蓬勃發展的環境。就貝多芬、莫札特、海頓來說，這裡的環境指的就是維也納，一座賦予作曲人時間、工作空間、贊助人、成群聽眾的城市，讓他們得以恣意發揮天賦，並且獲得認可。[7]

　　但你不必非得是天才，才能在眾才的環境中受益或貢獻己力。「身為眾才寶貴的一分子，不一定非得多聰明或多有才華，重點在於你可以貢獻的事物，像是你可以分享的構想、在當地形成的連結品質、開啟的對話」，奧斯汀・克隆（Austin Kleon）在個人著作《點子就要秀出來》（*Show Your Work!*）中如是說。[8]

　　這些年來，多數人分享構想、產生連結、開啟對話的場域通常是網路。我在作家生涯剛起步時，並不曉得自己的地理區域一帶有多少作家，所以我反而是在網路上遇到幾百名同行，興高采烈地在寫作論壇上張貼文章，利用這種方式建構出一個眾才環境，大家攜手踏上成功的康莊大道，而不是勢單力薄地孤軍奮戰。

　　如果你是創意從業人士，可能會在 X（推特）的思想家和作家社群，抑或 IG 的視覺藝術家團體中找到屬於自己的數位眾才場景。網路世界就像是 24 小時從不間斷、持續供應構想和資源的大型吃到飽餐廳，而且不限於當地人，範圍遠遠擴及全球。

　　那麼，你在居住地為何還需要創意社群？網路難道還沒證實地理眾才，早已過時落伍嗎？

周遭環境比網路，更能讓創意顯靈

事實上，**我們就是內在資源和外在影響的組合，與周遭環境產生反應時會出現不同行為表現，所以實際來說和其他創意人身處同一個場域，也許比在網路上更能孕育出作品。**

沒人可以變出仙塵，以法力加持周遭的每個人，讓他們萌生深廣思想或寫出趣味盎然的《紐約客》文章，但有一點卻十分明顯，那就是**環境會孕育出集體創意的眾才場域，讓附近的人也能發想出深具趣味性和突破性的點子。**

托爾金（J.R.R. Tolkien）和 C・S・路易斯（C.S.Lewis）在創作魔戒系列作品和《納尼亞傳奇》（*Chronicles of Narnia*）時週週碰面，創意就這麼在英格蘭牛津的某間酒吧發酵。

當朵樂西・帕克（Dorothy Parker）和羅伯特・本奇利（Robert Benchley）等作家打造出文學沙龍阿岡昆圓桌（Algonquin Round Table）時，創意亦在曼哈頓的某間飯店悄然成形。

創新思維也曾在芝加哥大學顯靈，畢竟共有六位諾貝爾經濟學獎得主踏過該校走廊。

瑞典隆德大學（Lund University）的人文地理學教授貢納爾・托恩維斯特（Gunnar Tornqvist）指出：「**當一個人與四周互動、採集到經驗資本，全新構想因此誕生。**」[9] 地理眾才的特徵包括以下：

- **工具與技術的快速交換：**根據《Wired》雜誌的創辦編輯，凱文・凱利（Kevin Kelly）的說法，當一人發明某種全新手法，大方不藏私地與眾人分享，構想便快速在人群

之間傳開，為整體社群帶來益處。[10]

- **相互激賞**：在懂得讚賞彼此創意革新的團體之間，創意源源不絕。在良性競爭和同儕壓力的雙重夾擊下，你會覺得不得不持續革新和達成成就。

- **分享成功**：當一個人成功了，整體社群的心理都會受到鼓舞，甚至可能因而為社群吸引資金（譬如因為某人贏得麥克阿瑟天才獎金，抑或獲得軟體開發案等大型合約）。

- **對於新穎保持開放心態**：有的地方抗拒改變，但是眾才社群會鼓勵他們的成員嘗試新事物，並保護他們不去聽外界的反對聲音。這個團體會維護離經叛道和特立獨行的人，也鼓勵人們從不斷失敗中學習。

- **各種領域的員工**：經濟集聚意思是你可能和自己的同行為伍，共同生活工作，然而當你踏出自身領域、與外界互動，創意便可能源源不絕，在不同構想與點子相互碰撞融合之下，最後創造出某種全新樣貌。

- **來自不同背景的人**：當不同文化背景的人自由融合，就會迸發某種火花，形成一種全新樣式、風格、科技、思想模式。

- **創意市場**：無論你從事哪種創意領域，劇場也好，畫廊、地下電影院也罷，創意市場的存在都象徵著當地人和該場所對創作的認可，說明了他們願意將作品推上鎂光燈焦點。[11]

我們無法預測創意何時發生，有時創意需要獨處安靜，有

時需要群聚激盪。雷妮‧卡麥隆（Lainey Cameron）揮別科技業生涯，試著在 10 公尺寬的休旅車內完成小說創作，卻從沒想過自己會逃不掉丈夫艾瑞克在狹小空間內讓她不斷分心的窘境。為了重獲平靜、創作文思泉湧，她最後在墨西哥的聖米格爾德阿連德（San Miguel de Allende）租了一棟設有辦公室的房子。[12]

　　再來就是每天逼自己屁股不離椅子、埋首寫作的挑戰（這一部分的創作過程比較不那麼神祕）。為了乖乖寫作，雷妮親自加入一個作家團體，成員每逢週三在聖米格爾市中心會面。「大家會說明自己的目標來意，接下來靜靜地進行兩個鐘頭的寫作，結束後再分享進度，」雷妮解釋，「不會有人批評你，只有鼓勵彼此寫作和專注的正能量。」

　　雷妮在線上有許多作家朋友，她不但加入也自行組織女性小說作家等小團體，可是在聖米格爾的藝術家聚落中，她的身心靈完全沉浸在一個僑民社群，而該社群每年積極協助邀請瑪格麗特‧艾特伍（Margaret Atwood）和伊莎貝‧阿言德（Isabel Allende）等作家，參與作家會議和文學祭。雷妮在文學祭上擔任義工，於宴會廳補救技術失靈的問題。而眾才就是我們參加作家會議的主因。

　　這也是為何擬定選點策略時，我們在選擇的社群中尋覓藝術季和藝廊的蹤跡，因為這象徵著當地有眾才的存在。懷俄明大學（University of Wyoming）的遠距英語老師茱莉安‧考區（Julianne Couch）為了某本書進行研究時，發現了愛荷華州貝爾維尤鎮（Bellevue），並深深愛上這座位在密西西比河畔的小鎮，而眾才正是讓她感到放心的原因。[13]

　　她的丈夫是一名畫家，她則是作家，這個地方的美令他們

喜不自勝——媲美英格蘭南方多佛（Dover）的石灰岩峭壁、波光粼粼的河面，當地還有藝術委員會，他們還在整修 1880 年代的房屋時，茱莉安開始在藝術委員會擔任義工。擁有這種專為藝術家準備的資源，表示貝爾維尤的居民中有藝術家，而他們的作品備受珍視，而這裡正是一個眾才場景。

茱莉安本身也是業餘音樂家（要是你這麼形容她，她會馬上接口：「不是很厲害的那種」），並且找到一個可以讓她即興演奏吉他的團體，讓她怡然自得地表演創作。一般來說，創意就像是即興演奏，一群不怎麼出色的樂手圍繞成一圈坐定，撥弄著琴弦奏出旋律，回應一來一往的音符，並且引導彼此加入。這就是充滿創意的場所可以為你提供的好處。

無論你從事哪種創意工作：寫作、繪畫、DJ、發明、經營小事業，找到眾才場景或許就是你的選點策略之一，你可以找到並且運用這些元素，激起你的創意，鋪好通往成功的道路。

養出 1,000 個鐵粉

托網路的福，現在要靠創意維生簡單多了。凱文・凱利有一句名言：「**如果粉絲每年肯掏出 100 美元支持你的作品，1,000 個鐵粉就夠了。**」要是某個在斯里蘭卡的粉絲可用 PayPal 付款，購買他在 Behance 網站上找到你的個人插畫抑或你上傳的歌曲，甚至更可能成功在望。[14]

創業投資客金莉（Li Jin）表示，**若你提供顧客絕無僅有的優質內容和社群，可能只需要 100 個鐵粉就賺得到錢。**[15] 不用多

說，幾乎沒有粉絲住在你生活環境周遭。對於創作者、手作人、樂手、攝影師、動畫片師、應用程式開發師、企業家，以及想要獲得創作者販售的商品的人而言，地理界線消弭恐怕就是一種美麗的發展。

經這麼一說，培養當地客戶市場還重要嗎？對於藝術家凱薩琳・弗雷西里（Catherine Freshley）來說，這就是她找到 1,000 個鐵粉的方法。[16]

身為軍人賢內助的凱薩琳曾和空軍飛行官老公住在奧克拉荷馬州伊尼德（Enid）。伊尼德是一個鳥不生蛋的地方，距離凱薩琳心心念念的童年居住地、蔥蔥鬱鬱的奧勒岡州波特蘭 1,600 公里。

然而，她漸漸愛上伊尼德的美。開車路過鄉間時，凱薩琳會用手機拍下沿途風景和夕陽照片，然後帶回家進行繪畫。

這就是她藝術家生涯的濫觴。經過多年的抽象畫創作，現在她的作品風格轉為明亮寫實的地方風景畫。她最擅長的莫過於描繪天空，將奧克拉荷馬州的日落景致一筆一畫地逼真刷上畫布，棉花糖般的絡絡雲朵漂浮在起伏的犁耕農田上方。

凱薩琳很有經營事業和創作的頭腦，她很清楚自己畫筆下的奧克拉荷馬州會在社群中大受歡迎。凱薩琳在伊尼德市中心的第一週五畫廊（First Friday）活動上建立新人脈後，她受邀在當地咖啡廳展示畫作。她說：「用這種方式獲得關注滿容易的。」為了讓觀眾清楚她的作品主題，凱薩琳更直接以當地地名為畫作命名，好比「南下 35 號州際公路」或「前往靜水城的路上」。

在奧克拉荷馬城市的春季藝術節，六天下來粗估有 75 萬名訪客，而她自己的展覽攤位總共賺入 12,000 美元。接下來三年

間她陸續帶來更多作品，每一次都稍微提高售價。2019 年，她六天內的營收將近 25,000 美元。

　　凱薩琳或許不是奧克拉荷馬州土生土長的當地人，但她卻高高舉起一面漂亮的鏡子，映照出許多藝術家都忽略的當地美景，而該州的藝術粉絲亦毫不猶豫地將她當作自己人，這就是收藏家和藝廊老闆的眾才場景，布萊恩・伊諾的「餅乾碎片」口耳相傳，你一言我一語，抬高了凱薩琳的身價地位。「我聽過很多人對我說：『噢，我去朋友家裡時，發現他們有妳某一張畫作，』」凱薩琳說，「對這群人來說，我似乎無所不在。」

　　凱薩琳的丈夫退伍後，這對夫妻決定在 2020 年 2 月重返家鄉奧勒岡州波特蘭，一想到能夠在光線傾瀉一地的本地畫室創作，凱薩琳就興奮不已。

　　但她很開心她不是在波特蘭展開藝術生涯，「我認為住在小鎮真的受益良多，因為在這裡，我能獲得也許在其他地方無法得到的機會。」她說，「現在這些都寫在我的履歷表中，我已經累積了能夠在大城市追求藝術創作機會的經驗。」

　　凱薩琳的目標是繼續繪畫周遭風景，現在她的逼真寫實畫作名稱都是「波特蘭晚夏」和「櫻桃季裡的胡德山」，然而不可思議的是，中西部的收藏家仍持續支持購買她的作品，他們也心甘情願地在網路上追蹤她。

　　「西岸的人可能對奧克拉荷馬州不屑一顧，但他們真的很支持藝術，」凱薩琳說，「而且真的是言出必行。」他們就是她的 1,000 名鐵粉。

在創作和賺錢之間，取得平衡

　　場所跟創意一樣，都有些許神祕難解。**場所具有獨特的能量與美，可以讓我們的藝術水平更上層樓。**

　　這肯定就是品牌設計公司龍蝦電話（Lobster Phone）的創辦人兼首席設計師克莉絲汀・亞斯（Kristine Arth）的經驗談。2018 年夏天，她在法國進修 TypeParis 速成碩士課程，課程的重點是排版，她說當時她驚訝地發現創意上居然出現一大地理差距：歐洲人比較在乎才藝，美國人在乎的則是競爭力。[17]

　　在克莉絲汀生活的舊金山，「大家的想法是：『我要比 X 更厲害、我的生產量要超越 X、我要比 X 主持更多場主題演講、我必須創造發表更大型的作品、在 X 個地方插旗。』」

　　在法國，才華洋溢的人只想要創作美麗的作品。她的歐洲友人較重視合作，工作之餘喜歡討論與工作無關的事，認為接觸廣泛興趣和資訊可以帶給他們創作靈感。

　　她的舊金山同事就不同了，是每週工作 70 個鐘頭的工作狂。克莉絲汀的歐洲好友會去野餐、參觀博物館，甚至養雞，從事這些零碎瑣事到頭來，反而讓他們成為更優秀的藝術家。

　　從這兩種方法中，克莉絲汀發現不同價值。身為到哪都能工作的四海為家型，她希望在舊金山和巴黎之間往返，而這兩座城市分別代表著她希望呈現於設計作品的兩個自我。她巴黎的那一面讓她琢磨才藝、創作出美麗作品，堅毅勇敢的舊金山那一面卻深知，光是美感還是不夠的。「在經過設計、品牌定位、命名、推行上市後，要是沒有賺到錢，就等於失敗了。」克莉絲汀說。

　　必須在藝術創作和透過藝術賺錢之間取得平衡，克莉絲汀

可說是再熟悉不過，製片人賈斯丁・李登（Justin Litton）也是，他在英國就讀電影學院後重返西維吉尼亞州的老家。[18]

　　他的朋友得知後大吃一驚，畢竟大家本來以為他會在好萊塢或紐約當電影攝影師，「你也知道，大家都以為待在西維吉尼亞州的發展有限，」賈斯丁說，「如果你想要做大事業，就不會待在這種小鎮當製片。」可是，賈斯丁想要從事創意事業，而居住西維吉尼亞州小鎮圓了他的夢想。

　　他的電影攝影技術在當地堪稱稀有，他創辦的公司主要專攻高級企業和廣告影片，很少和其他製片人搶工作。在創意人才庫有限的情況下，他和團隊往往得一肩扛下所有工作，從寫腳本乃至為廣告影片選角、擔任導演、製作，有時實在讓人喘不過氣，但大多時候他還是樂在工作。

　　賈斯丁的工作態度很實際，沒錯，他只不過是幫當地銀行拍攝製作廣告，不是為奧斯卡獎提名人執導，但他仍然沉浸在創意世界，可以自行決定拍攝角度和故事的敘事手法。「只要我站在攝影機後面，我就心滿意足了。」

　　再者，在西維吉尼亞州的荒山野嶺中，創意靈感總是源源不絕。「舉個例子吧，就算我毫無頭緒，不知道該如何拍攝某支影片，至少我內心可以踏實地知道，等我爬完山回去工作，心靈就能重新回歸平衡。」

　　就連科學也為這種說法背書。一份丹麥研究發現，**對於創意產業的專業人士來說，沉浸在大自然可以激發創意力，讓人產生旺盛好奇心，面對問題時腦袋也變得比較靈敏，因此更可能產生全新點子或手法**。[19]

　　大自然也是重新調整專注力的一項利器。一份芬蘭研究指

出，登山客都贊成在森林健行後，「我的專注力和警覺性提升了」及「我的腦袋變清晰了」等說法。[20] 在大自然的空間會激盪出頓悟時刻，催生出優秀的創意見解。

賈斯丁居住在斯科特德波特（Scott Depot，擁有 8,000 人口），位處另一端的小鎮有一間布蘭柯玻璃工廠（Blenko Glass Factory），工廠內有許多身穿法蘭絨襯衫的男子使用手工製作的工具吹製玻璃。賈斯丁曾經到訪玻璃工廠拍攝，而這群勤奮努力、表現豐富生動的勞工讓他特別有親切感。「對我來說，這是非常阿帕拉契的精神，」他說，「我身邊都是工作能力出眾卓越的人，他們全憑一雙手，奮不顧身地去做，也不怕弄髒自己。」

在這裡，才藝就是一種場所價值。在一個過去歷史上經濟依賴煤礦開採的州，藍領工作是相當值得驕傲的工作，而這也正是賈斯丁為公司取名「山藝」（Mountain Craft）的用意，為的就是向西維吉尼亞州的陶工、玻璃工匠、織工、畫家致敬。或許在當地影片製作屬於另一種藝術形式，但賈斯丁就像是本地前輩，只在意自己做得好不好。

選點策略課堂：創意

良好的眾才場景，可能就是點燃你創意的火種，以資源、支持、集體意志激發你的藝術生產力和構思發想（並且賺錢維生），將你推上成功道路。以下是幾種在居住地挖尋藝術場景的方法。

1. **找到藝術委員會**：可能是地區性、全州，或以當地為主

的政府機關或非營利組織。但如果生活區域裡有藝術委員會，你就有申請獎助金的管道。光是俱備這樣的機構就足以說明社群對於藝術的支持與重視。

2. **加入工作室開放參觀的行列**：內華達州卡森城（Carson City）等地每年會舉辦一、兩次活動，玻璃吹製師乃至珠寶首飾設計師等藝術家和手工藝職人開放自己的創作空間，供民眾參觀。這是一種了解居住城鎮有哪些人進行創作的好方法，如果你是創意十足的藝術家，也可以加入他們的行列。

3. **踏進人群**：創意「向來不脫人際關係的體驗」，作家喬書亞・沃夫・申克（Joshua Wolf Shenk）在個人著作《2 的力量：探索雙人搭檔的無限創造力》（*Powers of Two: Finding the Essence of Innovation in Creative Pairs*）中寫道。幾份研究發現，一般咖啡店的背景噪音可激發工作者發揮創意，再說在跟你一樣埋頭苦幹的人身旁工作，也讓人充滿幹勁。[21]

4. **搬進藝術家之屋**：肯塔基州帕迪尤卡（Peducah）有一個藝術家遷徙計畫，提供百分之百的贊助，資助願意在冷清鄰里買房裝修的藝術家，如果他們較傾向自己蓋新房子，該計畫亦免費提供空地。由於下城區（Lower Town）是企業振興區，所以建材完全免稅，再者該地分區兼具商業和住宅用途，讓藝術家可以在自家生活、工作、經營小型藝廊。截至目前為止已有 40 名藝術家進駐當地，投資高達上百萬美元。其他社區則是提供藝術家折扣住宅或工作室空間。[22]

5. **購買當地藝術：**如果你想培養創意社群，不妨購買當地藝術家的作品吧。「第一週五」活動上，主要大街上的藝廊會開放到深夜，而這類活動就是尋覓當地藝術的好所在。某些城鎮則是以當地藝術家的作品妝點餐廳、咖啡廳、小公司的牆面，用這種方式支持藝術家。

6. **為藝術家預留創作空間：**當澳洲紐卡索（Newcastle）的閒置店面與日俱增，房東開始免費供應藝術家和工藝職人使用閒置場地，使用者只需要保養店面、支付水電瓦斯費即可。於是動畫片師、攝影師、網站開發師開始在大約 74 間店面工作，在財務風險低的情況下恣意追求個人熱血，而光是藝術家的存在就降低了鄰里社區的犯罪率。這項計畫背後的贊助者「嶄新紐卡索」（Renew Newcastle）也幫忙加薪，讓參與藝術家平均多賺進 20,941 澳幣。[23]

7. **投票支持當地藝術稅：**2020 年，紐澤西州澤西市（Jersey City）通過提高兩分錢房地產稅的案子，而這份經費將會撥給一個贊助本地藝術組織的信託機構。當地人對於他們能在疫情期間通過這項措施深感驕傲，澤西市藝術委員會（Jersey City Arts Council）的前任會長羅賓森・霍洛威（Robinson Holloway）說：「這應該可以打臉那些認為藝術不必要且多餘、應該首要淘汰的人。」[24]

8. **支持全新點子：**創意需要我們培養點子，所以要是你的社群一看見陌生的新點子，就立刻拒於門外，恐怕就得當心了。也可以主動寄電子郵件給城市委員會，向對方提出自己的構想點子。[25]

地點個案研究：美國北卡羅萊納州西格羅夫

人口總數：229

暱稱：美國手工陶藝首都。

- 有何特色：眾多陶藝工作室散落在熙熙攘攘的西格羅夫市中心及空曠農地，堪稱全美各地平均每人最密集。多虧第一代英國和德國移民在 18 世紀定居西格羅夫後，便刻不容緩運用當地恰到好處的陶土製作陶器，沒多久西格羅夫便以陶藝出頭天，現在於格林斯伯勒（Greensboro）南方 40 分鐘處，約有 50 家家族經營的陶藝工作坊，也隨時都有更多陶藝師來到當地。

- 為何居住當地更輕鬆：市中心的美元將軍（Dollar General）與一堆工作室、博物館、藝廊比鄰而居。感恩節之前的當週週末舉行年度藝術節，吸引成千上萬名觀光客前來。新冠肺炎爆發前人潮洶湧到有些藝術家甚至懶得上網販售作品。合作勝於競爭，由於眾多陶藝師群聚當地，西格羅夫遂成了藝術愛好者的必訪之地。26

- 集體行動的好處：創作類型的人並不常出現群體迷思的現象，可是當他們同意某個行動（當地陶藝師有一個協會），就會實踐到底，好比共同集資宣傳當地地區、分享如何在 IG 上累積粉絲（請查看「# 西格羅夫陶藝師」的標籤），以及規劃吸引觀光客的活動。再者他們也喜歡分享資源，若一名陶藝師啟動了碩大柴窯，便會廣邀鄰居帶作品前來窯燒。

- 副業生意興隆：陶藝師大衛‧赫南迪茲（David

Hernamdez）和雅蕾莎・莫德諾（Alexa Modderno）於
2005 年搬到當地時，開了一間兼具工作室和藝廊的商店，
另外亦經營 Airbnb 民宿。接著在 2020 年，他們重新改建
老舊雜貨店，搖身一變成為寬敞明亮的工業風酒吧「葡萄
酒與啤酒鮮釀坊」（General Wine and Brew，大衛正好
是西格羅夫市長）。混合經營模式很成功，可以讓他們繼
續當全職藝術家。

- **場所助益大**：西格羅夫的北卡羅萊納陶藝坊（North
  Carolina Pottery）既是博物館也是工作坊，具有足夠空間
  讓駐村藝術家生活、燒窯、使用拉坯機，也裝得下其他陶
  藝師需要的設備。城鎮到處都有販售作品的充裕空間，附
  近社區大學的陶瓷藝術課程也負責訓練實習生。

- **創意激增**：雅蕾莎說：「當陶藝師湊在一起，總會激起無
  限靈感。」她認為，她朋友的風格與技法有時會滲透入
  她的作品當中，但這絕對不是抄襲，比較類似異花授粉，
  大多人也樂於分享，她表示：「每天都會形成不可思議
  的影響。」

第 9 章

邊環遊世界
邊工作的魅力

選點策略價值：探索

　　不對的地點毀了南蒂塔・谷普他（Nandita Gupta）的人生，對的地點則幫她重建人生。[1]

　　與釀酒師丈夫相遇時，她還在舊金山灣區擔任大學入學諮詢顧問，她的工作地點彈性，先生卻沒得選，只能在納帕谷（Napa Valley）生根落地，於是她嫁雞隨雞去到當地——萬萬沒想到後果慘痛不已。

　　大家心目中的納帕谷應該是人間仙境，可是對於性格超級外向的南蒂塔來說，在當地的生活卻令她感到異常孤單。終日不見一個人影，除了她建議參加史丹佛大學甄試的高中生，她沒有談天說笑的對象。在印度新德里和紐約市長大的她，向來喜歡被人群包圍的感受。「沒想到我居然搬到一個鄉下地帶，根本一個人都見不到，」她說，「我往窗外探出頭，半個人影都沒有。」

　　這個地方最後終結了他們的婚姻，她和丈夫依舊彼此相愛，只是南蒂塔再也無法待在一個不適合自己的地方。

　　失婚後的這一年來，她搬回紐約市和父母同住，慢慢療傷、補回她情傷時不小心減掉的 9 公斤，並且決定當數位遊牧民族。

　　她說，這是屬於她的《享受吧！一個人的旅行》（*Eat, Pray, Love*）。伊莉莎白・吉兒伯特（Elizabeth Gilbert）離婚後，踏上前往義大利、印度、峇里島的旅行，南蒂塔則是打算透過 Remote Year 計畫，在 12 個月內嘗試居住 12 個城市，地點分布於中南美洲、亞洲、歐洲、非洲。Remote Year 是幫遊牧工作族安排長期全球旅遊的公司，而南蒂塔希望這一年旅行可以讓她重新體會到人生的可能性和喜悅，「為我的人生重新開機」，她說。

　　她第一個真實感想是：當她觀察世界上其他人的生活，感覺就像是踏進顛倒世界。所以你不用每週工作 70 個鐘頭？也不必擁有 84 坪的房子才能快樂？「若地球上有 70 億人口，就有 70 億種不同的生活方式。」南蒂塔說。

　　更換新居住環境後，她看清了她司空見慣的美國文化不過是其中一種文化，一種選擇，而就算你的選擇不同也無妨。

　　第二個感想是，和別人旅遊是一種解藥，讓她逐漸從納帕谷歲月的漫長孤獨中復甦，重新找回呼吸。「我一天 24 小時都要有人陪在身旁，」南蒂塔說，「或者至少 23 個小時，社群對我而言至關重要，Remote Year 完全幫我實現了這個願望。」

　　第三個感想是：換個地點繼續當她的遊牧工作族，她又重新愛上自己的工作。

　　擔任大學入學諮詢顧問、給予高中生考取常春藤學校的建議，其實是無心插柳柳成蔭，並不是她本來積極追尋的職業生涯。當初是朋友請她幫忙自己的孩子申請大學，很多人耳聞她是招生入學高手，這才不小心闖進這一行。即使南蒂塔的收入高達六位數字，這個行業感覺起來卻不像是真正的事業，她之所以就讀常春藤學校，難道是為了傳授高三學生怎麼考進常春藤學校嗎？她可是出身醫師世家啊。

　　可是，就在她發現自己 2 月身處開普敦，享受光輝燦爛的南半球夏季，這種感受隨之煙消雲散。無論這份事業讓她感到多麼羞愧，身為個體戶的她也偶爾渴望辦公室生活的美好，例如下班後和同事喝一杯的歡樂時光、參加辦公室舉辦的靜修活動、上頭還有一個幫自己下決定的老闆，可是一想到擁有一份可以讓她環遊世界、享受人生的事業、這些想法全都拋諸腦後，而且她完

全不需知會客戶。噢，我的天，她心想，我的工作居然可以讓我雲遊四海，這工作未免太適合我了！

南蒂塔知道，不是人人都有從零開始重建人生的能力，不過其實很多人都俱備這項能力，只是不自知罷了。

我們只是想像力不夠豐富、輕而易舉就忍氣吞聲、安於不滿的現狀。「我想，**有時需要勇敢踏出一步，才會明瞭自己在人生道路上裹足不前，隱忍接受自己大可不必默默容忍的現狀。有時，你真的只是需要踏出一步，才會知道什麼對自己是必要的，什麼不是。**」

對於南蒂塔來說，離婚就是她跨出的那一大步。一開始，她覺得離婚是人生中最悲慘的事，沒想到最後這場離婚反而「給了我一大禮物，讓我以個人想像及世界給予的靈感重新規劃人生，」她說，「我心想，哇，我居然浴火重生了，我本來以為痛苦的經驗，竟會誕生出這麼美麗的事物。」

2035 年，數位遊牧民族將達 10 億

2015 年，某場國際會議演講上，荷蘭企業家彼得‧勒韋斯（Pieter Levels）做出一項瞠目結舌的預測：**到了 2035 年，全世界的數位遊牧民族人口數將會到達 10 億。**[2]

接著，他進一步解釋自己的想法。他認為，**未來會有越來越多人成為自由接案者，網路速度飆速成長，也較少人走傳統道路，不再執著於結婚或買房，甚至已不期待安定。**至於飛機呢？飛行速度更快、機票價格變得便宜，可以帶你前往世界所

有角落。

　　整個進展大概會像是這樣：首先自由接案者會在家工作，接著踏進咖啡廳，然後在另一州某個親戚家工作，轉眼之間他們已經在越南啜飲咖啡，眼前的一片稻田景致讓他們心想：挺酷的嘛，這種人生我可以。

　　彼得說，10億名數位遊牧民族一邊環遊世界一邊工作，這種發展不會太困難。

　　對許多人而言，數位遊牧民族的概念著實誘人。根據企業顧問服務公司「MBO夥伴」（MBO Partners）於2018年進行的研究，11%的美國勞工自信表示，他們計畫在未來幾年內轉型為數位遊牧民族，另外有27%的人表示，他們可能加入數位遊牧民族的陣線聯盟。[3]

　　當時，僅有約480萬美國人是貨真價實的數位遊牧民族，大約占了人口總數的1.4%，代表著大多人恐怕只是紙上談兵，正如艾蓮·波菲特（Elaine Pofeldt）在《富比士》（Forbes）雜誌中所說，數位遊牧多半只是「一種人們夢寐以求的觀賞性運動」。[4]

　　然而這說法卻隨著流行疾病疫情出現變局。到了2020年7月，自稱「數位遊牧民族」的美國人口數字已經增加至1,090萬，成長率是前兩年的120%。[5] **許多員工不再受傳統辦公室工作的束縛，下一步就是輕鬆拿下數位遊牧民族的頭銜。**

　　可是，這究竟代表什麼意思？數位遊牧民族沒有單一定義。有的人是標準旅居海外的僑民，在國外一口氣住上幾年。有的人則是走跳世界各地，每隔幾週就跨越國界邊境，在某個全新定點生活。有的人則是以車為家的休旅車族，駕駛休旅車來場橫越大

陸的旅行，休旅車後方直接就是「家」。有的人則是短期辦公度假或學術休假，在遙遠的度假勝地待上數週或數月，同時在當地工作。

根據 MBO 的說法，讓數位遊牧民族團結的要素是「對於旅遊和全新歷險的熱情」，以及只要有網路就工作到哪裡的能力。[6]

新冠疫情甚至進一步扭轉局勢。比起過往，現在有越來越多人到哪都能工作，旅遊也越來越驚險刺激。第 7 章提到的遊牧民族依斯特・因曼，由於不甘願被困在海外太久而從國外折返，但是也有人在這不順遂的一年瞬間捉住良機，不假思索地加入遊牧生活。

來自田納西州諾克斯維爾（Knoxville）的佩琦和奇普・瑟弗蘭斯（Paige and Chip Severance）是五個孩子的父母。奇普的資訊科技服務公司改為遠距工作後成效不錯，他們在 2020 年夏天茅塞頓開，既然他們的孩子不用回去學校上課，那麼他們何不做一些有趣的事？[7]

最後他們以 3 萬美元左右購入一輛 12 公尺長的二手野營車，展開國家公園巡禮。第一站是大煙山國家公園（Great Smoky Mountains National Park），下一站是肯塔基州的猛獁洞國家公園（Mommoth Cave），接下來呢？誰知道。「我們不必百分之百完美規劃行程。」奇普表示他們預計遊山玩水一年左右。

大多數的數位遊牧民族，在疫情期間都只能在國內旅遊，有的數位遊牧民族則是早就這麼做了。

珊德拉和胡立歐・培尼亞（Sandra and Julio Pena）自 2017 年底就帶著四個孩子過著休旅車生活。認清了在加州聖荷西買不

起房子的事實之後，與其每月掏出 4,000 美元支付兩房公寓的租金，他們決定踏上 365 天的休旅車人生。8

網路珠寶代理事業讓他們可以一邊旅行一邊賺錢，而他們也在這過程中學會善用地點優勢。這對夫妻首次來到亞利桑納州購買綠松石時，發現「在亞利桑納州買綠松石並不划算」，珊德拉表示，倒是可以買到便宜鑽石。現在，他們會四處尋找採購當地實惠的珠寶，並在國內的線上市集轉售，看著銷售利潤成長。「這又是一個到處旅遊的美妙之處。」珊德拉說。

數位遊牧民族，是遊牧工作族的顛峰美夢，不是只有「我想住哪裡都沒問題」，而是「我走到哪裡就住到哪裡」。正如約翰・史坦貝克（John Steinbeck）所言：「也許我們都太高估『根』對人類心靈的重要性。也許人類更渴迫深刻的遠古需求是邁出家門、前往陌生他方的需要、意志及渴望。」9

這種生活之所以吸引人，是因為**旅行似乎是擺脫我們痛恨的辦公室或日常生活的解藥**。當一天天綿延成一年年的索然乏味，打掉重練、買一張機票，前往異國他鄉生活，就具有某種神奇魅力。剎那間，你的尋常工作日很值得刊登在社群媒體上。（嘿，看過來，我現在可是在冰島瀑布底下寄電子郵件哦！）

時常旅遊或是天天上路的想法，就是某些人最強烈的欲望本能。

你會擁有更多自主權，更能掌控自我人生，不必累積賺取放假日，或是容忍食之無味的辦公室生活，只為了一年一度的美景，因為現在美麗的風光就在你每日生活環境的窗外。

你變得更有彈性，可以自行安排時程和目的地、選擇何時工作，何時擱下工作踏出門，觀賞附近的瀑布。

你可以常常體驗新鮮事物，跳出常規軌道，擺脫沉悶枯燥、刺激大腦思維。

你可以隨時隨地進行探索，讓你從各種事物之中找到意義。體驗外國文化，讓你用全新視角觀看自我人生，見識令人嘆為觀止的景色，讓日常經驗變得更具深度與廣度，並在見證貧窮與辛苦的生活時，更懂得抱持感激或同情的心情。

作家克里斯・古利博（Chris Guillebeau）認為，對於冒險的熱忱就是一個人的靈魂核心，還說「安穩的未來，對一個人的冒險魂最具破壞力」。就本質來說，許多遊牧工作族並沒有安穩未來。[10]

我是抱著爆米花看好戲的類型，但就連我都看得出數位遊牧的魅力。如果你是遊牧工作族，是否應該善用地點賦予你的自由？事實上，我應該問的是，你是否應該成為四海為家型？

遊牧選單，篩出適合你的城市

遠距工作策略師兼《世界原住民》（*Global Natives*）作者蘿拉・拉薩維（Lauren Razavi）告訴我，即便短暫，當你決定成為數位遊牧民族的那一刻，就代表你要決定自己想要過什麼樣的生活。「就我的個人經驗來說，我有很多大學同學都走不出忙盲茫的迷宮，『好，我想要的只是一輛更昂貴的房車、更大間的房子、最高薪資。』我覺得遊牧民族主義跟這種人生是天壤之別，畢竟你等於是在問，你需要多少錢才能過上滿意舒適的生活？」[11]

蘿拉斟酌自己的工作生活，並根據她在某處的所需經費決定要接哪份文件及諮詢案。在阿姆斯特丹六個月的開銷比在葡萄牙或吉隆坡六個月貴上許多，泰國讓人想起洛杉磯陽光燦爛的沙灘，只是開銷較低。金錢成了蘿拉的手段，一種讓她可以體驗世界的方式。

蘿拉看見的是存錢，其他人眼中則是看見賺錢的契機。如果彼得‧勒韋斯關於 10 億數位遊牧民族的預測正確，這意思是服務數位遊牧民族的市場將會非常可觀。

他們需要的是應用程式！軟體！為他們量身訂做的專屬服務！更優質的居留地點！旅遊公司！全球數位遊牧民族空間會演變成一種億萬美元產業，有專屬的私人教練，會議、應用程式、網站，還有遠在曼谷或峇里島烏布等地、人潮絡繹不絕的共享工作空間或共居空間。

過去幾年住在俄羅斯的四海為家型麥特‧戴克斯特拉（Matt Dykstra），在 2020 年展開數位遊牧民族會議，協助新手菜鳥處理他當初獨自辛苦摸索的部分，譬如稅務或是如何安排家裡的貓。[12]

他長期參加各種會議、聆聽播客節目，但講者往往只分享 15% 他需要曉得的知識，「另外得再付個幾千美元，才能取得其他資訊」，這個狀況令他沮喪不已，他說他只是「想要幫助他人，讓數位遊牧變成一件人人都做得到的事」。

在新冠肺炎期間舉辦的線上會議中，有 6 成左右的參會人員本身已是數位遊牧民族或遠距工作者，其他人則正在摸索門路。「我想我們吸引不少頓時發現自己被困在家中的人，他們大可打開網飛追劇，也可以為自己創造未來，讓收入源源不

絕。」麥特說。

　　不是所有人都理解自己有成為遊牧民族的本事，因為跟旅遊一樣，你的道路可能分成奢侈或便宜的兩條岔路。

　　基本上，青年旅館和廉價租屋就能滿足基本需求，但是對於眼光不凡的四海為家型，至少有一間精品旅館品牌可以滿足數位遊牧民族的品味。瑟琳娜獲得一億美元的創業投資資金，計畫在全世界打造 40 家飯店，包括設有共享工作空間、瑜伽和冥想室的高檔飯店和青年旅館，根據《悅遊旅遊雜誌》（*Conde Nast Traveler*）的說法，這種「居住空間結合了所有遊牧民族的欲望和需求」。[13]

　　遊牧選單（Nomad List）擁有成千上萬名付費會員和每年多達幾百萬名訪客，而該網站也是一項有助解惑的利器。彼得・勒韋斯為了「12 個月創辦 12 家新創公司」的年度計畫專案，開設了遊牧選單網站，當時的他本身也是數位遊牧民族，而遊牧選單是他的第七號專案，記錄世界最適合遊牧民族的城市資訊。[14]

　　如果你每隔幾週就搬一次家，就沒有停止思索選點策略的一天，必須不斷選擇下一個應該前往的地點。與計畫長居的人相比，遊牧民族的賭注相對較低，但這不表示完全零風險。他們需要經費、時間、付出心力，要是投資不利，工作和計畫都可能受到中斷。數位遊牧民族該如何分辨最適合自己的城市？或至少應該怎麼找到最適合自己現階段的城市？

　　彼得在一份公開的 Google 報表中蒐集各項數據資料，像是世界 50 座城市的生活開銷和生活品質等要素，沒多久他的朋友也在報表中增設個人的偏好參考指標欄位，包括治安、咖啡廳密集度、LGBTQ 性別認同友善程度。長時間下來，遊牧選單便擴

大成約略 2,000 座城鎮的全面性指標，可供到哪都能工作的四海為家型或尋尋覓覓型在考慮居住地時拿來參考。將近 300 個搜尋篩選器為各項要素進行分類，在此稍微列舉幾項，像是「種族歧視程度低」、「對小狗友善」、「經濟發展飛速」、「純素友善」。

搜尋篩選器時時刻刻都在增加，2020 年，「最少新冠病毒死亡」也登上篩選器清單，各個城市會根據眾多要素得出總分，而且不時出現更動，我最後一次查看時，第一名是葡萄牙里斯本。

四海為家型通常會深思熟慮自己應該搬到哪裡，而他們也會深思熟慮其他條件。**比起在一個地點定居，居無定所、浪跡天涯仍是反主流文化的做法。**蘿拉・拉薩維說，質疑標準化決定就是重點，她形容自己的朋友都是「思考『這該怎麼進行？為何沒人這麼做？這會好玩嗎？』的生活駭客。」[15]

在遊牧選單中，遊牧工作族可以鉅細靡遺列出他們有興趣的地點經驗條件，想要去大都市還是小城鎮？喜歡棕櫚樹還是高山？熱鬧還是幽靜？對於尋尋覓覓型來說，使用搜尋篩選器查看各項條件，有助於找出適合自己的選點策略，畢竟你得不斷重複決定自己的選點偏好。

當我親自實驗遊牧選單，我勾選了高網速、良好治安、每月生活開銷期望低於 2,000 美元，也就是遊牧選單的中間值，後來得出 67 個結果。接著我又多加幾個篩選條件：美食、工作場所密度高、適宜步行、乾淨，結果網站只吐出三座城市，正好全部都位在台灣：台北、台中、高雄。

　　我可能搬到台灣嗎？我深表懷疑，但知道有這個選擇倒也不錯。

越來越多國家提供數位遊牧簽證

　　身為四海為家型的你，在釐清自己去哪裡的同時也得辦理簽證，也就是獲得在他國長久居留、工作、旅遊的官方許可。也許愛沙尼亞不在你選點策略的首要考量位置，但是愛沙尼亞正等著你想到它，向你招手說歡迎。

　　在白令海對岸與芬蘭遙遙相望的這個國家，總共擁有 130 萬人口，愛沙尼亞多年來致力落實國家轉型，積極變身「數位共和國」。需要報稅？投票？處理銀行事務？只要你是愛沙尼亞國民，以上資料皆可從一個國家平台登錄串連，只需要按下一個按鍵，你就能完成所有作業。[16]

　　近期，愛沙尼亞把焦點鎖定數位遊牧民族，他們提供電子居留證，讓任何人都能成為愛沙尼亞的數位國度「國民」。你會獲得一張數位身分證，讓你只需在線上就能登記公司（你仍需要在自己的國家納稅）、進行電子銀行轉帳、簽訂電子文件、在世界任何角落使用其他線上服務，對於帶著公司到處跑的遊牧企業家非常實用。[17]

　　2020 年 8 月，愛沙尼亞更進一步提供數位遊牧簽證，讓遠距員工住在愛沙尼亞，合法幫海外雇主工作整整一年。

　　為何這件事那麼不得了？因為那時大多國家都落實自己的簽證規定，而簽證並未考量到哪都能工作的員工，只分成觀光簽

證和長期僑民居留證，因此多半數位遊牧民族只能申請短期觀
光簽證，遊走法律的灰色模糊地帶。當簽證過期（通常是 30 至
180 天）過渡期間他們往往得「投奔」另一個國家，再申請一份
全新觀光簽證，然後重新開始計算簽證時效。這個過程昂貴又不
便利，要是哪個遊牧工作者不遵守規定，居住時間超過簽證效
期，就可能招致罰款或直接被踢出國門。

　　這整個簽證過程「障礙重重」，蘿拉‧拉薩維形容：「若
是牽涉移民政策，我覺得很多人無論如何都不想冒著遊走灰色地
帶的風險。」因此說到最後，數位遊牧民族主義始終是一項邊緣
運動，只有早期的數位遊牧民族不介意遊走在法律邊緣。[18]

　　**數位遊牧民族和遠距員工的潮流勢不可擋，為了因應對策，
近來越來越多國家開始提供長期簽證**，包括以下國家：

- 克羅埃西亞
- 巴貝多
- 百慕達
- 安提瓜和巴布達
- 希臘
- 冰島
- 英屬蒙哲臘
- 捷克共和國
- 喬治亞
- 阿爾巴尼亞
- 杜拜
- 開曼群島
- 墨西哥
- 澳洲
- 泰國
- 哥斯大黎加
- 挪威（但是只限於挪威海岸線的斯瓦巴半島，簽證終生
  有效）[19]

效期通常長達 1 年，遠距工作簽證等於是這些國家大聲高

呼出「歡迎光臨」，並且打臉吸引和保留數位遊牧民族人才的手段。倒不是說四海為家型有意久待，不過百慕達勞工部長宣布該島推行全新數位遊牧簽證時，也解釋遠距員工「會為我們的國家帶動經濟活動，卻不會搶走百慕達人民的工作機會。」[20] 可謂雙贏局面啊。

仍有一些尚待解決的障礙，例如以潛水和避稅活動聞名世界的英國屬地開曼群島，就開出每年所得需高達十萬美元的要求。再不然就是巴貝多推行為期 12 個月、手續費要價 2,000 美元的數位遊牧簽證，比普遍簽證高出 10 倍之多。

但一般來說，**數位遊牧簽證和國際遠距員工計畫的趨勢，都在在預示嶄新數位遊牧主義 2.0 的降臨**，人口統計數據則與上一代天壤之別。除了遊牧民族常客千禧世代和 Z 世代，更年長的資深前輩將會加入陣容，此外也為不同類型的四海為家型預留空間，包括在某地待一個月再繼續旅行或回家的慢活旅遊者。「我認為，**數位遊牧民族主義將會更趨於主流**。」拉薩維說。[21]

一場對工作未來的實驗

也許淺嘗數位遊牧民族滋味最簡單的方法，就是請團體幫你安排目的地，並且安排別人和你一起旅遊（當然還有一手包辦所有簽證），好比南蒂塔・谷普他為了她實現《享受吧！一個人的旅行》而找上的芝加哥公司 Remote Year。

創辦人克雷格・凱普蘭（Greg Caplan）創辦 Remote Year，為的就是解決一個問題。當年這名 25 歲的青年將時尚部落格平

台以 25 萬美元出售給 Groupon 網站後，很想展開旅行和遠距工作，卻苦苦找不到可以加入他行列的朋友。「單獨旅行是一大問題，」他在 2015 年說，「我覺得一個人旅行應該會很孤單，我想要旅遊，也想要以更有組織的方式團體行動。」[22]

有了 Remote Year 後，遊牧工作族就能申請為期一年的工作旅遊體驗，並全權交由該公司處理，協助安排目的地、公寓、共享工作空間，有時連出遊參觀都能代辦，代價是 3,000 美元的訂金，外加每月大約 2,000 美元的費用，或是一年 27,000 美元。當時，到哪都能工作的概念還不普及，要是參與 Remote Year 的計畫，他們甚至會幫你媒合初階遠距工作。（現在該公司已不提供此項服務，不過還是會指導你向老闆提出到哪都能工作的想法。）**旅行社融合招聘的獨特古怪服務，背後撐腰的就是到哪都能工作逐漸崛起的時代思潮，讓你同時享有「魚與熊掌兼得」的好處，既可當一個獨立負責的成年人，同時也是一個浪人。**

後來，問題層出不窮。第一批 Remote Year 的 68 名遊牧工作族中不是人人都有工作，導致分成派對動物和員工兩個族群，最後你也猜得到了，有的人為了錯失恐懼症一邊工作一邊焦慮恐慌。

實際層面的要素有時問題不小，參與者對他們在越南河內的住所怨聲載道，最後 Remote Year 只好作罷，不收月費。

美國人的醜陋面也跟著浮現。該團體中居住洛杉磯的專案經理喬伊絲‧林（Joyce Lin）向 Atlas Obscura 世界景點指南解釋：「今天我若是單獨旅行，就不得不淪為學習的角色，畢竟我是弱勢族群，不會有人配合我，所以我必須自謙學習當地文化，得想辦法融入當地，對吧？但如果我們今天是一個團體，一旦人多，

與當地互動的方式自然就有所不同。」[23]

　　儘管面臨重重難題，對人力資源經理莎拉・亞維拉姆（Sarah Aviram）來說，該計畫仍是一大轉捩點，她在百事可樂和雅芳等《財富》世界五百強公司短期任職時，被激起強烈的旅遊欲望，腦中浮現環遊世界的夢想：「可是我不想要中斷事業，」她說，「不想花光本來就不多的存款，也不想自己一人去，更不想自己策劃行程。」[24]

　　Remote Year 提供的服務完全符合她的需求，她付了 3,000 美元訂金，說服她那總部設於紐約市的科技公司執行長放行，讓她一邊旅行一邊工作，算是一場對工作未來的實驗。

　　身為人力資源專家的莎拉仔細觀察她身邊的律師、軟體開發工程師、社群媒體行銷專業人員、諮詢顧問、廣告公司職員、平面設計師、音樂家、企業家，了解他們是怎麼看待自己的工作。對某些人而言，**旅遊一年不過像是 OK 繃，掩飾他們其實痛恨自己的工作、卻無能為力改變現狀的事實**。「他們都有典型的金手銬*，」莎拉說，「心想的是『我現在拿的薪水太優渥，要怎麼轉行或換工作』。」

　　有天，莎拉為了她的 Remote Year 團體舉行職業發展研討會。她解釋，**大多人都有六大核心動機：財富、身分、慣例、成長、影響，最後是喜悅，以上都驅動他們的事業決策**。想在事業上保持滿足心理，你就得減少前三項引起的摩擦，意思是可以償付債務、減少開銷、運用地理套利、忽視外人對你應該從事哪種行業的期許，或是重新考慮是否繼續讓你猶如行屍走肉的習慣，之後就可以打造出你現在的志業願景（不是你 22 歲想要做的工作），拓寬自我的可能性。就像南蒂塔離婚後跨出的那一大步，莎拉成

功說服老闆讓她邊工作邊旅行的前幾個月也是這麼做的。

在莎拉的鼓勵下，Remote Year 團體中一名不滿現狀的律師辭去工作，成為影片部落格主，駕駛著休旅車環遊美國。

回到紐約市的無窗辦公室一週後，莎拉內心也被激起生存危機意識，最後辭去工作。「我很害怕享受自由之後，再度回到公司上班的日子，」她說，「那時我忍不住心想：『我之前可是在峇里島的海灘工作啊……』」

地理套利為她帶來甜頭。每月生活開銷大約 2,000 美元，同時賺進曼哈頓 20 萬美元的年薪，莎拉在 Remote Year 的這一年累積不少儲蓄，甚至付清她的商學院學生貸款。這筆錢讓她可以拍拍屁股離開企業的人力資源部門，開創自己的職業諮詢顧問公司，概念來自她為遠距員工撰寫的指南《二次動機》（*Remotivation*）。[25]

38 歲的莎拉還在釐清接下來的遠距生活應該如何進展。六個月待在紐約與家人在一起，另外六個月待在其他地方嗎？住在每餐只要 5 美元的上海或泰國？她常常掛在 Remote Year 的 Slack 頻道上，和提出人生、事業、地點等重大問題的朋友談天說地，等到她總算準備就緒，可以大聲吆喝：「我考慮去哥斯大黎加，有誰想要加入？」時，她心知肚明會有其他四海為家型的同伴加入她的行列。

＊　泛指公司企業利用獎金紅利、股票期權綁住高階管理員工，當作留才手段，金手銬通常有時間限制，若在期限內離職便失去福利。

自我效能感高、願意鋌而走險

雲遊四海可以讓你與工作擦出有意思的火花，甚至可能提振你的士氣，就像南蒂塔那樣，再不然就是像是莎拉那樣讓你重新調整方向，抑或像是蘿拉，說服你減少工作量，賺的錢足以繼續旅行即可。

遊牧族軟體開發工程師瑞克‧葛拉罕（Rick Graham）在保加利亞旅行時，遇見後來與他共同創辦區塊鏈活動與售票平台的合夥人。他說：「我的社交圈中，沒人真心想要展開事業。」後來，他在一場名為矽谷暢飲（Silicon Drinkabout）的數位遊牧人脈活動上，結識一個有技能也有興趣協助他創辦公司的保加利亞人。[26]

對擔任某間舊金山公司的成長產品經理的馬可‧皮拉斯（Marco Piras）來說，遠距工作讓他能夠掌控在海外漂泊的人生。他原本來自義大利薩丁尼亞（Sardinia），曾在都柏林和哥本哈根工作，但讓他最後能留在西班牙巴塞隆納的這份工作，才是他的夢想工作。[27]

根據一份 2018 年 FlexJobs 網站的調查，約有半數數位遊牧民族表示，他們的薪資和他們還在傳統辦公室時大同小異，甚至更高。六人之中有一人的所得超過 75,000 美元，僅有 4 成遊牧民族聲稱自己的年薪超越 5 萬美元，也許是因為普遍來說，允許他們加入遊牧民族的工作領域起薪都不高，譬如撰稿寫作、教育、客服、打字、行銷。約有三分之一的遊牧民族必須向親朋好友尋求財務協助，日子才過得下去。[28]

漢娜‧狄克森（Hannah Dixon）剛成為遊牧民族時，不論

她人到哪裡，只要是找得到的零工樣樣都接。她做過不少酒保工作，也曾待過倫敦薩維爾街的某間（Savile Row）時尚服飾名店，甚至在紐約市的梅西百貨公司擔任數個月的銷售員、為雪橇競賽訓練哈士奇犬、做過永續園藝，也曾隨著 WWOOF（World Wide Opportunities on Organic Farms，世界有機農場機會組織）到歐洲各地擔任農場義工，換取食宿，甚至曾經在脫衣舞酒吧幫客人送酒。[29]

　　金錢向來不是她的目標，直到她遇到一個在家工作的女子。那年是 2013 年，漢娜還渾然不知有到哪都能從事的網路工作。「當時，我很好奇，請她『有什麼是我需要知道的，都請傾囊相授吧』。」

　　她們共同創辦一間網路開發公司，由漢娜提供虛擬助理服務，提升兩人的所得。這時漢娜的薪水前所未有的高，朋友開始好奇問起她的虛擬工作。2016 年尾，她在義大利的那幾週架設了一個全新網站 DigitalNomadKit.com，並在網站上授課，訓練栽培數位遊牧民族，她的學員遍布 75 個國家，總共 12,000 人，教導他們以虛擬助理的身分賺錢。

　　漢娜並非老是自稱「數位遊牧民族」，因為她早年旅遊時認識的遊牧民族「多半都是年紀輕輕的白人直男，大肆誇耀他們在泰國清邁每月生活開銷只有 500 美元的事蹟」。在數位遊牧民族的見面會上，她通常是唯一的女性，一群成天遊手好閒、躺在吊床上的男性行銷人員對她說教，滔滔不絕「奮鬥文化」，簡直尷尬得不得了，害她忍不住納悶：女性都上哪去了？有色人種呢？同志呢？

　　這些族群的人有部分出現在漢娜的數位遊牧工具臉書團體

中，她親暱戲稱他們是「一堆怪咖」。她的數位遊牧團體漸漸走向更多元化的路線，現有三分之一是女性，超過半數的年齡超過 38 歲。

可是，有色人種還是不夠多。MommaWanderlust.com 黑人家族旅遊網站的創辦人泰克莎・伯頓（Tykesha S. Burton）表示，原因可能是「身為非裔美國人，我們還是得先顧好基本的生活溫飽⋯⋯我沒有繼承房子，也沒有人幫我付大學學費，所以我還積欠 8 萬美元的大學學貸，每週得工作 40 個鐘頭，我是可以找一份遠距工作，但目前還沒悠閒到那個地步。」[30]

而想出方法結合工作和旅遊就是一種訣竅。漢娜的虛擬助理群都是期盼在網路上打零工、為他人提供服務的族群，有些人在疫情期間失業，丟了傳統工作，現在為了餬口到處接案，雖然他們不盡然是數位遊牧民族，卻俱備成為數位遊牧民族的潛力。FlexJobs 發現約有 18％的數位遊牧民族擁有自己的公司，約有 28％的人自由接案，35％是公司雇員。[31]

企業家和四海為家型至少有一個共通點，那就是他們都是自我效能感高、願意鋌而走險的人。自我效能感是一個漂亮術語，意思是你相信自己有能力勝任某份工作。雖然她痛恨這個荒誕名詞，但漢娜・狄克森說這就是定義多數成功數位遊牧民族的詞彙，因為他們相信自己的能耐。

漢娜建議，**如果你想成為數位遊牧民族，或許可以先淺嘗一、兩個月，看看你在正常環境以外的工作效率如何，儲蓄一筆旅遊資金，如果沒有本錢就不要逞強。**「你也知道幻想是多麼美好的事，『我要去布達佩斯釐清我的人生。』」說是這麼說，可是漢娜以過來人的身分分享個人經驗談：「其實，並不

簡單啊。」[32]

選點策略課堂：探索

生活工作不受地點拘束有一個無可取代的好處，那就是擁有遊歷全世界的自由，同時卻不會拖垮事業、掏空存款，或是耗盡假期。但並**不是人人都適合這種工作模式**，如果你內心深處是四海為家型（或期許自己成為四海為家型），可以參考下列訣竅，**給自己四個月的時間嘗試看看：**

1. **善用地理套利**：在瑞士等昂貴國家和越南等便宜國家之間平均分配時間，這樣一來環遊世界就不會那麼貴了。
2. **找到自己的隊友**：遊伴讓遊牧生活更開心愉快（不得不說也比較安全）。可以嘗試 Remote Year 或 WiFi 部落等計畫尋找遊伴，再不然可以加入 Roam 等專為數位遊牧民族量身定做的共居空間，該組織的大城市據點提供共享廚房，每月租金 1,800 美元。也可以試試看 OutPost，該組織在峇里島和柬埔寨的共居空間每晚只收費 63 美元。
3. **重新提振精神**：換了一個新環境，即便是再普通的事都需要更專注應對。設計師克莉絲汀・亞斯說：「假設你的頭部受傷，你就得在內心盤算：噢，我需要 OK 繃，要上哪去找？」[33] 更高度的專注力可以激發你的創意，在一座不熟悉的小鎮尋找 OK 繃（或什麼都可以）時，

在雜貨店走道上來回走動，可能將你推向全新視野、聲音、事物。

4. **申請數位遊牧簽證**：比起不牢靠的旅行團，慢遊或許是體驗一個新國家的好方法。有了長期數位遊牧簽證，你就能在多數國家待上一年，不用擔心自己還得為了簽證四處奔波。

5. **參加數位遊牧會議**：現在共有幾十場數位遊牧會議，包括數位遊牧高峰會（Digital Nomad Summit）和 DNX 數位遊牧嘉年華（Digital Nomad Festival DNX）。參加具有啟發性、涵蓋重要事項的會議，傳授你取得愛沙尼亞電子居留證的訣竅，或是應該怎麼開一個賺得到錢的部落格。

6. **僱聘遊牧指導師**：如果你不是百分之百確定應該如何轉型成數位遊牧民族，不妨找一個經驗豐富的指導師，建議你如何挑選國家、經營海外的工作生活，並以遊牧工作族的身分賺錢。再不然可以尋覓網路課程，帶你一步步學習這些基本須知。

7. **尋找工作空間**：在海外加入共享工作空間，多多結識勇於冒險、思維格局大的遊牧工作族。（也就是你的同類。）只要加入 CoPass 每月會員，無論身在何處，全世界超過 950 家共享工作空間都能走透透。

8. **斷捨離，重心移往線上**：準備展開數位遊牧生活時，盡可能把工作生活的重心移至網路，銀行帳戶事務和文件簽字等都在線上進行。在網路上轉售家具，擺脫個人用品，可以把多餘物品捐贈給當地二手商店，或是可能有

需要的非營利組織。約書亞‧菲爾茲‧密爾本（Joshua Fields Millburn）和萊恩‧尼克迪穆（Ryan Nicodemus）的網站 TheMinimalists.com 可能是一個很好的開頭，試試看他們提出的 30 天極簡遊戲。[34]

9. **探索當地：**也許你老愛做數位遊牧生活的美夢，卻不可能真正實現夢想。沒關係，成為四海為家型的重點之一，就是這種生活可以激起你的活力和創意。不妨為你的移居安定型生活注入一抹新意，安排到鄰近地點來場週末小旅行，探索你生活的小鎮，甚至可以讓日常慣例增添樂趣，才不會覺得生活一成不變。

10. **管理時區：**由於南蒂塔‧谷普他的客戶多半都在北美，她在海外的那一年偶爾得安排凌晨三點鐘與客戶通話，其他朝九晚五上下班的遠距工作者，則可能得在晚間十點鐘開始上班，早晨六點鐘下班。「我們說這叫夜班，」南蒂塔說。如果你的工作要求你在某段特定時間上班，挑選地點前計算時區是一件很重要的事。[35]

11. **活出夢想：**63％的千禧世代表示，為了旅遊進行儲蓄是他們緊捧全職工作飯碗的主因，而不是為了退休或清償債務。[36]

然而，要是到哪都能工作，你就能勞逸結合，讓你的工作充滿目標，只要你分辨得出四海為家型和永遠都在度假是兩回事就沒問題。

地點個案研究：葡萄牙豐沙爾

人口總數：111,000

- 這裡酷在哪裡：葡萄牙里斯本一直以來是遊牧選單上排名
  靠前的目的地（該網站表明「如果你是具有種族覺醒意識
  的藝術青年，這裡很適合你」）。除此之外還有一個較小
  規模、更具異國風情的地點，那就是從里斯本搭機兩個鐘
  頭就可到達的葡萄牙馬德拉群島，其首都豐沙爾更以人民
  友善、生活開銷低、免費高速網路等優勢，榮登遊牧選單
  前十大排名。[37]

- 數位遊牧民族要怎麼久留當地：葡萄牙提供月薪 635 歐元
  起跳的獨立員工和自由接案者短居簽證（換算美金是年薪
  1 萬美元）。有了這份簽證，你就能在葡萄牙生活一年，
  簽證期滿後還能更新續留兩年，代價是經濟實惠的 75 歐
  元。還想繼續留著嗎？甚至成為永久居民？有幾個方向可
  以考慮，包括取得在葡萄牙投資的黃金簽證。

- 在哪工作：等到你已經參觀完豐沙爾刷白的天主教堂、
  搭乘纜車遊覽過蒙特宮熱帶花園（Monte Palace Tropical
  Garden），便可在豐沙爾位處市中心殖民建築、超級時
  髦的 CoWork 共享工作空間，心甘情願地坐下開工。一張
  辦公桌每週只要價 43 歐元。

- 為何遊牧民族熱愛這座小島：因為馬德拉無所不用其極地
  讓人們深深愛上它。距離豐沙爾 30 分鐘的海岸村莊蓬塔
  杜索爾（Ponta do Sol）在 2021 年初開辦「數位遊牧馬
  德拉分會（Digital Nomads Madeira）」，以遊牧民族專

屬的 Slack 頻道、大禮包、當地文化中心的免費工作空間，
在當地建立遊牧民族團體。（快去霸占陽台上的辦公桌，
一邊工作一邊欣賞無敵海景。）該計畫展開兩週不到，就
有四千多名世界各地的遊牧民族上網註冊，甚至已有一百
多人已經搬到蓬塔杜索爾。[38] 遠距工作顧問岡薩羅‧霍爾
（Concalo Hall）告訴 CNN 新聞台：「現在太多人選擇
離開大城市，是因為我們更想住在小鎮村莊，比起在大都
市生活更能與人建立深厚的連結羈絆。」[39]

- 我想認識你：美國教育人士珍‧帕爾（Jenn Parr）和丈
  夫早在葡萄牙進行遠距工作多時，然而他們特地跑到馬德
  拉，看上的就是這裡包山包海的生活方式，外加與其他遊
  牧工作族相處的機會。她說：「認識企業家或是積極為自
  己創造自由生活、追尋個人熱血的人，應該是一件很振奮
  人心的事。」他們鎖定一間位居豐沙爾和蓬塔杜索爾中央
  地帶的三房公寓，每月租金大概是 2,200 美元，屋內其他
  臥室則是分租其他遊牧民族室友。[40]

- 小小加分好處：住在小城鎮的優點就是更容易與人產生連
  結，即便是疫情期間必須戴口罩、保持社交距離，數位遊
  牧民族馬德拉分會仍然固定安排團體瑜伽課程、團體登山
  健行，讓遊牧工作族有機會結識新朋友、相互切磋學習。
  在像是蓬塔杜索爾等讓人忍不住拿來與義大利阿瑪菲海岸
  村莊相比的地點，光是踏出家門，你就可能遇見參與同樣
  計畫的朋友。

第 10 章

把學習和成長
納入選點策略

選點策略價值：學習

猶他州面臨一大危機，當地的就業機會寥寥可數，年輕人紛紛搬離猶他州東南部的鄉下郡縣。礙於採礦業逐漸式微，現在該州只剩下幾間學校、醫院、牧場、拱門國家公園（Arches National Park）等觀光景點，提供數量有限的工作機會。在某些鄉下郡縣，多達35％的勞動力遭到革職，造成當地人口逐漸萎縮。[1]而移居安定型要是無法在居住地賺錢，就不可能定居當地。

「2018年，猶他州立法機構通過220萬美元的法案，展開潛力無限的解決方案：鄉村網路提案（Rural Online Initiative, ROI），該計畫旨意是訓練鄉村居民進行遠距工作，[2]前提是運用工作的流動性為人們創造就業機會，這樣一來居民就不必為了就業機會搬到其他地方，」協助率領此計畫專案的分配諮詢公司（Distribute Consulting）執行長蘿拉・法芮爾說。[3]

為了幫助工作沒有著落的低薪或肢障人士等特殊族群踏入職場，各州與城市推廣勞工發展專案的情況其實並不罕見，但是猶他州的ROI計畫與眾不同，是因為他們的最終目標是增進勞工技能，好讓他們能繼續待在原本的居住地，從事其他地方的工作，工作本身甚至可能不在猶他州。換言之，該計畫是在幫移居安定型大改造，成為遊牧工作族，好讓他們繼續移居安定型的生活。

這個概念令人耳目一新，不過蘿拉思忖，讓當地人參與計畫恐是最大難題。如果你之前是礦工或是猶他州布蘭丁（Blanding）牧場主人的妻子，你需要他們對你說什麼抑或做什麼，才能讓你

對遠距工作感興趣？

　　蘿拉要團隊做好心理準備，應對反彈聲浪，但這個情況從未發生。在大多社區，一旦市長或當地的重量級人物點頭，關於這項計畫的消息就傳開來了，ROI 領導人在當地社區中心舉行的市民大會甚至場場座無虛席。「當地人的接受度很不可思議，」蘿拉告訴我，她和團隊原本期望首年有 500 個人報名參加，結果沒想到第一個月就輕鬆達標。

　　參與者多半是女性，通常是為了第二份家庭薪水而重返職場的家庭主婦，因為家族因素或家庭牧場帶她們來到猶他州，她們往往熱愛當地的生活品質，卻痛恨長期就業機會不足的現象。其中一人雖然擁有博士學位，卻只能在地方小學當祕書，時薪僅有 10 美元。在 ROI 的線上遠距工作證照課程中，他們學會開發到哪都能工作的潛在事業道路，發展和推銷他們已經準備到位的遠距工作技能（例如讓潛在雇主知道你不但會製作網站，還熟悉C++ 程式語言），並帶他們練習工作應徵和面試。

　　一位 ROI 畢業生開始接受某紐約市治療診所的遠距病患。一名桑皮特郡（Sanpete County）的景觀設計師在 Upwork 平台上接到遠距工作案。後來猶他州經濟發展局再加碼，為僱聘鄉下郡縣勞工的猶他州公司提供 5,000 美元津貼，結果住在猶他州塔比奧納（Tabiona，人口為 134）、擁有三個孩子的全職媽媽惠特莉・波特（Whitley Potter），在設於猶他州的特弗拉太陽能源公司（Tephra Solar）找到專案經理的工作，家庭薪水雙倍成長。4

　　要是住在主要就業市場外，那麼對於某些移居安定型來說，爭取到遠距工作案、獲得就業知識及學會保住飯碗的方法，就是財務無後顧之憂的不二法門。對於到哪都能工作的尋尋覓覓型而

言，ROI 等計畫在在傳達一項訊息：這個地方熱心提供所有協助，讓你可以在當地成長發展，而這一點絕非無足輕重，畢竟不論是特訓、課程、增進琢磨技能、指導或哪種形式，職場成長就是臉書員工對自己工作滿意的動力之一。

而這正好形成了一石二鳥的局面，畢竟現在有效的協助並不好找，2018 年一份萬寶華人事顧問公司（ManpowerGroup）針對 43 國、近 4,000 名雇主進行的調查發現，**將近半數的雇主表示即使手上有工作職缺，仍然苦苦找不到適任員工，人才短缺景象堪稱十年來最慘**。[5] 這個問題在疫情期間持續發酵，2021 年，4 成世界各地的高層主管和人力資源領袖都忍不住抱怨人才不足對公司造成危害。[6]

正如商會高層主管潔西卡・海爾在達拉斯的做法，某些社群單純從其他地方挖角人才，卻讓零和賽局的情況越來越惡化，問題是人才數量已供不應求，無法滿足就業市場。「全世界的人才短缺創下新紀錄，現在問題已經不只是尋覓人才那麼簡單，」萬寶華主席兼執行長喬納斯・普里辛（Jonas Prising）表示，「我們需要的是建立人才庫。」[7]

公司企業顯然有此意願，不過各個鄉鎮也有此意願，提供教育和訓練課程可以達成以下其中一項目的：**讓居民躋身高技能遠距員工，再不然就是幫助他們培養出技能，找到當地工作**。新美國公司（New America）執行長兼總裁安瑪麗・史勞特（Anne-Marie Slaughter）說明：「每個地方都配有人才，所以別再一味向外吸引人才，自我提升吧。」[8] 老話一句，你就是人才，或者是可造之才，只是需要居住地對你稍微投資罷了。

考量居住地的教學品質

「小鎮是小，但思想不小。」這是蘿拉近來疲於奔命地尋覓地點時，不斷喊出的口號。身為遠距工作協會（Remote Work Association）諮詢顧問兼會長，跟許多蘿拉透過猶他州 ROI 計畫協助的人一樣，她也非常喜歡遠距工作讓她在自選居住地享受步調悠閒的生活。「我們大概以為在紐約和矽谷生活是人人嚮往的生活，」她說，「接著又會發現，不對啊，那些只是高薪工作的據點，所以如果你可以擁有一份高薪工作，卻住在伊利諾州梅伯里（Mayberry），享受充滿懷舊氣息的生活，那就太好了。」[9]

她想要住在鄉間，卻不喜歡當地供應不足的教育服務，尤其是思考到自己孩子的未來。跟大多執行選點策略的家長一樣，學校品質高居清單前幾名，她和丈夫會分析學校排名，絞盡腦汁思考，哪些選修課程可能帶給孩子優質的人生起點。

這些都完全可以理解。研究經濟流動性的哈佛經濟學家拉吉·切迪（Raj Chetty）發現，**教學品質可能影響未來發展，包括學生是否上大學、成年後的薪資等，而影響最早可以追溯至幼稚園**。[10] 全美各地的教育預算支出存在著龐大落差，2019年，經過區域價差調整後發現，每位學生的平均 K-12 階段 STEM 教育開支是 12,756 美元，但該數字背後卻潛藏一個驚人差距：佛蒙特的每位學生支出是 20,540 美元，猶他州則只有 7,635 美元。[11]

即使是同一座城市，學校品質都可能存在劇烈落差，最後逼得我們在進行地點決策時得將鄰里納入考量。這對尋尋覓覓型來說，還真是零壓力，他們不但得試著找到最優質的學校，房價

還得夠親切可愛，光想像就是不可能的任務。根據一份 2016 年由 Realtor.com 網站進行的研究，排名高的學區住房售價超過全國房價中位數的 49％，因此促成了不平等的惡性循環：房價較高的地區房地產稅收較高，以至於較昂貴的鄰里擁有較優質（或者至少經費充裕）的公立學校。[12]

有些人跳過苦思掙扎的過程，直接選擇住在重視學校品質的地區，並把經費投資在私立學校，而不是房地產，再不然就是直接在家自學。但是對大多美國人來說，地理和教育的關係依舊密不可分。疫情期間，許多美國地區改為線上授課，有些美國人遂不遠千里搬到其他州或國家，為的就是讓孩子到校就學。[13] 其他人則是變成四海為家型，車子後座的孩子不再需要到固定地點上課後，他們就駕駛著休旅車遊遍全美。

蘿拉・法芮爾的地點搜尋，最後帶她的家人來到康乃狄克州的鄉間，她的孩子就讀名列前茅的當地學校，她則在自家經營遠距工作諮詢事業，小鎮雖小，思想卻不小，這完全符合她想要的。

至少現在是如此，因為地理對教育成果形成的影響不會在十二年級劃下句點。**居住地也可能決定你的家人可能獲得哪種高等教育，以及需要支付的學費。**

舉個例子，包括加州、德拉瓦州、馬里蘭州在內，美國許多州不會向州民收取社區大學學費。[14] 與此同時，如果你的孩子想要上《美國新聞與世界報導》（*U.S. News & World Report*）榜單前幾名的公立大學，譬如加州大學洛杉磯分校（UCLA）、加州大學柏克萊分校（UC Berkeley）、密西根大學（University of Michigan）、維吉尼亞大學（University of Virginia），或者北卡

羅萊納大學（University of North Carolina），要是你正好不住在這些州，就請做好心理準備，每年掏出平均高出當地人 31,416 美元的學雜費。

抱著孩子哪天可能考進加州大學洛杉磯分校的遠大期許，所以想要搬到加州，其實不算是明智的選點策略。不過當地生活開銷高，好好利用這些州可能給予孩子的大好機會，至少不用被學貸壓得喘不過氣就能進入好學校，倒也不是什麼瘋狂的想法。（全美國州學費最便宜的是懷俄明大學，每年學費僅收 4,620 美元。）

教育是一個環境對於當地居民的投資，而當地對你和你家人的知識、才華、技能、職場準備程度、個人潛能投資越多，你選對環境的投資報酬率就越高。

社區栽培人才，從搖籃到棺材

為了解決人才短缺的危機、留下原有居民，社區從小就開始栽培人才，而且是真的從小開始。想像一下，你家的學齡前兒童一晃眼就 16 歲，這些年來穩定加強他的 STEM 教育、領導能力或其他特殊教育，等到他長大已經準備就緒，可以填補當地職場空缺。從搖籃到棺材的人才培育聽來頗具喬治・歐威爾的風格，不過這種計畫已經上演。

例如贏得亞馬遜第二總部的維吉尼亞州，該州的關鍵提案條件就是該州承諾將挹注 2,500 萬美元資金，改善全州的十二年STEM 教育和電腦科學課程，而且「根據每個年級、每位學生進行教學」，另外亦安排課後輔導，像是編碼營和建教合作，理想

情況是讓學生提早接觸 STEM 教育，更多維吉尼亞州高中生在大學修習電腦科學，產出亞馬遜預估在未來二十年額外所需的 3 萬名 STEM 畢業生。[15]

當然，亞馬遜現在就需要更多電腦科畢業生，有句諺語是這麼說的：「若想乘涼，種樹的最佳良機是二十年前，現在則是第二良機。」（不然就製作一台時光機，說不定他們正有此打算。）維吉尼亞州現在是放長線釣大魚，至於現今或未來可能短缺員工的地方，則是正積極實施緊急措施。

有的高中提供校內勞工學校，開課傳授當地職工最需要的技能，像是科技、管理、營運、演說技巧，其他社區則是為青少年開設實習計畫，加拿大紐芬蘭與拉布拉多省（Newfoundland and Labrador）的實習計畫提供 50 名高中生時薪 15 美元的待遇，在當地科技公司接下全職暑期工作，這份薪水可是比他們去挖冰淇淋或除草來得高。[16] 他們希望學生對商業產生興趣，日後繼續學習成長，大學畢業之後再返回該省，填補當地的正職職缺。

大學和成人教育課程，是人才補給線的實際管道，像是預備參與者加入當地生化科技工作行列的訓練營、科技中心的資料視覺化和分析特訓。地方人才補給線計畫有一大問題，那就是如今技能升級的軟體開發工程師俱備到哪都能工作的潛力，於是可以在其他也需要科技人才的城市找工作，好比達拉斯、圖桑、肖爾斯，我們又有什麼資格要求他們繼續留在他們起步的小地方？

嗯，當然沒有。不過，像是俄亥俄州克勞福郡（Crawford County）的地方就至少會讓畢業生知道，自己家鄉有就業機會正在等待他們。所有學區八年級生都跳上公車，參加 WAGE（畢業生及教育工作者勞動覺醒，Workforce Awareness for Graduates and Educators）安排的參觀日，觀摩當地最大規模的公司，也許某個中學生聽見北極貓公司（Arctic Cat）執行長解釋他們怎麼在俄亥俄鄉下製造雪地機車時會下定決心，要在自己的老家建立未來夢想事業，而不是前往克里夫蘭和哥倫布等大城。[17]

　　積極訓練小孩、好為未來加入職場做好準備，聽起來或許有點誇張，可是實際一點來看，人確實都需要工作，雇主也需要勞工，這種制度是一種兩相情願的共生關係。不管怎樣，憤世忌俗的人大概恐怕都會大肆反對，聲稱免費的公立學校教育體制早已經這麼做，只不過現在就業生態變遷，學校不再是送勞工前往工廠生產線，課程安排反而是預備學生進入實驗室或科技新創公司工作，往往是免費課程或是融入每日課程。

　　如果你把學習和成長納入選點策略，可以尋找對你和家人學習有益的當地課程。實習、指導、小學課後編碼補習營，甚至是讓你更能勝任遊牧工作的特訓。

遷居大學城

　　根據美國社群專案（American Communities Project）的說法，約有 1,860 萬個人居住大學學院城，[18]對於尋尋覓覓型而言，大學城符合不少優良生活品質的條件：

- 可以參與許多與大學相關的活動，從體育活動、戲劇製作，乃至電影、演奏會都有
- 享受進修機會。你可以正式加入學生行列，也可以參加演

講、研討會、系列講座等較輕鬆的場合

- 更優質的十二年 STEM 教育機會，像是由學生經營管理的托兒所、課後活動、夏令營
- 可步行性和優異的大眾運輸系統，畢竟大學城有很多只能步行上課的學生
- 往往俱備更優良的健保設施，尤其要是鄰近一帶有醫學院
- 多樣化，畢竟大學常常吸引美國各地和來自海外的學生及師資
- 如果你想在當地找工作，大學城具有更龐大的工作生態系統
- 經濟穩定性較高，因為大學屬於砥柱型社會機構
- 如果你以學生身分居住大學城，數不清的快樂回憶會讓你更對該地依依不捨

讓畢業生樂意留在當地

要是遊牧工作族的定義是必須在某個人生時刻做出艱難決定，從五花八門的地點選項之中抉擇接下來該搬往何處，那麼畢業前的大學城會有最多遊牧工作族出沒。

也許你還記得最後一次期末考臨時抱佛腳，摻雜著大學畢業後應該何去何從的恐懼及興奮，內心百感交集的感受。也許你已經把筆記型電腦和髒衣服放上車，駛向落日餘暉，很確定你會在夢想城市找到夢想初階工作。

多數學生並不會長期留在他們就讀大學的地區，大多人甚至不會試著留下，而是樂得拍拍屁股走人、前往大都會區，畢竟大都會似乎證明了每一分龐大學貸都繳得很值得。要是你在亞特蘭大找到一份聽來稱頭的新工作，就更能輕鬆說服父母，你的人生道路選擇是正確的。

然而，對於付出心血資源、悉心栽培 18 至 25 歲超級搶手貨的大學城來說，卻只是換來一次又一次的心碎，眼睜睜看著學生往空中拋出畢業學士帽，然後頭也不回地離去。

舉例來說，在全美大學畢業生遷離地的排行榜中，內布拉斯加州名列第十，每年損失 1,600 名擁有學士學位的年輕人，人潮全都湧進似乎提供更多就業機會或更具吸引力的科羅拉多州、加州、德州、愛荷華州。[19] 於是，戴夫・里普（Dave Rippe）下定決心，一定要想辦法多留下一些學生。

戴夫是土生土長的內布拉斯加州人，他在內布拉斯加州海斯汀（Hastings）擔任哈斯汀學院（Hastings College）史考特獎學金計畫（Scott Scholars）主任。全新登場的史考特獎學金目標是每年將七名頂尖學生變成戴夫心目中的「建造者」，也就是有意創造任何事物的領導型人物，凡是眼界寬廣的目標皆可。「環境、商業、社群的建造者，什麼都好。」戴夫說。[20]

根據《就是愛城市》（For the Love of Cities）作者彼得・影山（Peter Kageyama）的說法，一個地方僅有 1% 的居民是與生俱來的建造者，對於本身也是建造者的戴夫來說（他是內布拉斯加州的前任經濟發展處長，在海斯汀市中心發展各項計畫），這個數字令人異常欣慰，[21] 意思是像海斯汀這種擁有 25,000 人口的小鎮，社區中大約有 250 人天生是建造者的料，可能是企業家，

可能是領袖，再不然就是超酷全新專案背後的主腦。

　　想要改善海斯汀，你不必吸引一大批人來到當地，只需要多找幾個建造者，光有 25 個建造者來到戴夫的家鄉，就能啟動多贏局面累加的飛輪效應，激盪出動力和活力。所以他開創「建造者 101」等史考特獎學金計畫，親手挑選一批擁有領袖潛質的聰穎學生，然後利用四年時間讓他們學習建造者的技能。如果他能讓這些學生想像自己在內布拉斯加州成為建造者，也許他們畢業後就會願意留下來。

　　對於像是 19 歲的艾瑪・伊諾許（Emma Enochs）等學生來說，留下來的機率微乎其微，雖然當初是全額資助學費的史考特獎學金說服她報名海斯汀學院，但她坦承她一直忍不住嘲諷內布拉斯加州。[22]「當我剛開始來這裡上學，我痛恨內布拉斯加州的一切，」艾瑪說。她從家鄉堪薩斯州黎巴嫩（Lebanon）駕車來到內布拉斯加州時，行經「內布拉斯加州……美好人生」的告示牌時，都禁不住訕笑：「你是認真的？」（關於環境地點，若要說我得出任何感想，那就是每個人都有一個嘲諷的地方。）

　　然而，她這種心態卻可能開始動搖。2020、2021 學年期間，戴夫・里普動用他廣大的人脈名單，規劃了幾場高階參觀考察，安排艾瑪・伊諾許等其他海斯汀學院第一批史考特獎學金領獎人，與執行長、市長、企業家、州參議員、非營利組織主席相見歡，就連內布拉斯加州長都見到了，艾瑪對州長讚不絕口。

　　最讓艾瑪印象深刻的，就是與資助她獎學金的億萬富翁見面。設於奧馬哈（Omaha）的建設工程公司前任執行長華特・史考特（Walter Scott）緊緊注視著艾瑪的臉，說自己果然沒有投資錯人，她將來會成就不得了的大事，而且最好是在內布拉斯加

州。艾瑪說：「這句話完全撼動我的世界，我發現這些人不只是希望我成功，我的成敗也與他們息息相關，他們很希望我留在內布拉斯加州，堪薩斯州長就從來沒有告訴過我，我永遠都要當一個堪薩斯人。」

其他州和城市也有他們獨特的留才方法，讓學生畢業後不輕言離開。在費城，流失大學生是他們多年來的首要產業。包括賓州大學和七所社區大學在內，該區每年至少有 50 個高等教育機構產出 9,000 個學位，可是在該州求學的學生卻僅有 28％畢業後留在當地工作，[23] 費城地區甚至不是畢業生尋找全職工作的短名單常客。

為了改變這些數據，2000 年初費城商業部開設了一個名為費城校園（Campus Philly）的組織，替學生媒合費城的工作機會。[24] 該組織出資贊助就業博覽會，並打造一步到位、詳細羅列出當地工作和實習機會的網站，每年亦贊助幾十場職業發展活動，從生化科技工作專家小組乃至畢業生歡樂時光暢飲大會都有。疫情期間，費城校園也固定在 YouTube 上傳與當地年輕人暢談求職經過的影片。

費城校園執行第二項任務時，重點出現大逆轉：讓學生愛上費城，最後捨不得離開。「你得帶學生踏出校園，讓他們跨過校園邊界，發現除了學校這裡還有一座城市。」費城校園的前會長黛博拉・戴亞蒙（Deborah Diamond）說。為達目的，費城校園每年會舉辦學園祭（CollegeFest）歡迎學生踏進城市，他們的網站上也有費城的探索指南，包括城市活動列表、鄰里指南，還有劇場戲院、博物館和體育聯盟賽事的折扣，諸如此類的活動都可能讓外地人產生歸屬感。

在大學畢業典禮這種可能性無限，接著到哪都能工作的時刻，**大多年輕人在意的是環境，而不是工作本身**，然而結合這兩者讓費城校園大獲全勝。費城如今留下可觀的 54% 大學畢業生，當地每年稅收增加 3 億 9,400 萬美元。其他城市也推動屬於自己的費城校園計畫，包括北卡羅萊納州格林斯伯勒、俄亥俄州克里夫蘭、紐約州羅徹斯特。[25]

多半大學城都沒想過學生會永遠留在當地，居民和學生長久以來都是狹路相逢，為了大型派對造成噪音違規等問題不斷發生口角，有的人不把大學生視為真正的居民，而是處於一種詭異的待定狀態，既非本地人，也不能說是不屬於本地。（當我告訴大家我的大學城黑堡，我常覺得有義務提及一件事，那就是其實我不確定當地 43,000 名人口之中有多少是學生。）

然而，大學生本來就可能喜歡自己上學的地區。如果你正在考慮折返某處，名單上很可能出現過去就學的大學城。黛博拉・戴亞蒙說：「我覺得，這個世代的人越來越清楚這一點，這可能也是後疫情時代的趨勢，逼得我們不得不多方位觀看思考自己的人生。為了一份完美工作而犧牲掉朋友、舒適公寓、喜歡的生活區域，似乎已經不再合理，其實仔細想想從來沒有合理過。」[26]

多方位考量生活各個層面後，海斯汀大學史考特獎學金得主艾瑪・伊諾許對於返回堪薩斯家鄉的心意更堅定了，她計畫在父母和祖父母生活的小鎮穿上醫師袍執業。她坦承：「戴夫很擅長幫內斯布拉斯加州打廣告，畢竟這確實是一個很好的州。」但對她來說，最多也只是這樣。[27]

人才返鄉，工作表現更優秀

　　大學城希望莘莘學子畢業之後繼續留下，其他社區則是積極吸引他們回巢。無論艾瑪‧伊諾許未來從事哪種行業，她都不是唯一規劃返鄉的人。搬到鄉村地帶的新居民，其實平均有25％都是年屆三、四十歲的返鄉人，他們已經嚐盡都會生活的酸甜苦辣，發現自己心心念念的是什麼，更由於適逢成家的適婚年齡，他們便決定回到老家。[28] 明尼蘇達大學推廣教育（University of Minnesota Extension）的鄉村社會學家班‧溫徹斯特（Ben Winchester）說，指標明顯顯示「人才回流」，而不是外流。[29]

　　鼓吹歸返老家的其中一種價值主張，就是回來之後工作表現或許更可圈可點。哈佛商學院教授普利斯維拉傑‧喬杜里（Prithwiraj Choudhry）長年研究環境對員工造成的效應，在他的某份研究中，一間印度科技公司任意指派新進初階職員前往全國八大據點之一，[30] 接下來幾年間，他們發現要是某位職員距離老家越遠，工作表現就越差，如同一條缺水的魚，導致他們的工作表現不盡理想。

　　印度教最重要的新年節日排燈節類似基督徒的聖誕節，每逢佳節員工的傷害也最大。如果印度員工離家太遠、回不去過節，情感和文化的缺憾，會讓他們的工作成果品質下降。喬杜里表示，**要是雇主願意給予員工更多彈性和假期，好讓離家千里之遙的員工不錯過與家人共度排燈節的時機，問題就能獲得解決，不過除此之外還有一個更明顯的解決方法，那就是調遷員工至離家較近的地點，而若他們是遊牧工作族，就能想搬到哪裡就搬到哪裡。**

正如大學生和科技員工，回鄉客也成為人才吸引和留才競爭裡的搶手商品。北卡羅萊納州格林斯伯勒有一個網站專門召喚回鄉客，記載各種敘述格林斯伯勒老居民折返家鄉的故事，主角包括某位紐約富豪及一名奧勒岡州波特蘭的廚師長，另外還有一份「格林斯伯勒大師」聯絡資訊，由他們帶你重溫離家時錯過的家鄉大小事。[31]

其他地方則是祭出贊助金刺激方案，返家（反漂）獎助金計畫提供擁有 STEM 學位的大學畢業生 1 萬美元的獎助金，主動幫他們償還學貸，條件是他們必須在當地找工作，或是回到密西根州的手套形狀地帶，在下半島三城地區開業，[32] 該刺激方案的重點是吸引可以貢獻當地經濟的人才，以戴夫‧里普的說法指的就是建造者。

溫徹斯特亦說明，遊牧工作族搬回老家。並非不會面臨難關。返鄉後你需要向高中化學老師交代你現在在哪高就嗎？每次廚餘粉碎機壞掉時，你媽媽是否會要求你回家修理？不幸的是，返鄉客有時會淪為老家鄰居嚼舌根的對象，聽見諸如「噢，所以你擠不進競爭激烈的業界呀」等評語。

但如果可以充耳不聞這些聲音，你就能專心欣賞回到老家的好，多半不脫家庭價值、念舊、原本已經深厚的地方依附。一名曾在芝加哥及加州聖塔莫尼卡就業的愛荷華州返鄉客解釋：「這裡的某些傳統和價值觀和美國東西岸很不同。我是很喜歡加州，但我並不希望在那裡成家，我希望離父母近一點，也希望孩子擁有和我一樣的回憶。」[33]

對此，就連想方設法招攬才華洋溢的孩子留在內布拉斯加州的戴夫‧里普都沒話講。戴夫說：「自認每個孩子都該留下來、

雙手緊緊環抱他們不讓他們走，未免也太不道德，我認為真正的抱負應該是『踏出世界走一走，看一看，最後他們會了解返鄉的價值主張，再回到原點，率領當地促進改變。』」[34]

　　戴夫常常對史考特獎學金得主說，內布拉斯加州有多麼需要他們，無論他們能為內布拉斯加州帶來什麼，他們都樂見其成，要是他們繼續住在該州可能促成的改變等。他說：「你在水中央引起漣漪，漣漪就會一波波擴散至邊緣。」

選點策略課堂：學習

　　為居民提供增進技能、實習、轉換事業跑道的方法，並且幫助他們順利找到下一份工作，就是一種城市吸引和留住下一代人才的方法，而且可以同時應用在你和你的孩子身上。以下提供方法，教你的家人善用資源：

1. **職訓進修：** 大多遊牧工作族常常需要增進技能或重新磨練技能，而你或許也能在居住地找到免費訓練課程或資源，例如康乃狄克州的 180 天課程許可證，讓你可以恣意享受矩陣學習線上目錄（Metrix Learning）的五千多堂課，琢磨個人技能。奧斯汀則為市民提供免費的全端工程訓練營。上網輸入「勞動發展」及你的城鎮名稱，尋找適合你的計畫和資源。

2. **加入技能加強挑戰：** 肯塔基州路易斯維爾和微軟合作，免費提供 Google 分析（Google Analytics）、認知課程平

台（Cognitive Class）、微軟學習（Microsoft Learn）、IBM 和 General Assembly 科技教育創業公司等團體的線上課程，挑戰學員在 30 天內取得相關技術證照，提升求職競爭力。為了激勵 2021 學年班，學員每週會進行一次獲得免費筆記型電腦的獎品摸彩。以上課程是由「路易斯維爾未來工作刺激方案」（Louisville Future of Work Initiative）贊助，不過現在紐約也有類似課程。[35]

3. **幫你家的青少年找尋實習機會：** 為了提早建立人才管道，腦筋動得快的公司會專為高中生預留位置，聲稱比去非洲傳教更為履歷表添色。學校的諮詢輔導部門或當地經濟發展處可能有供應你孩子實習機會的最新資訊。

4. **地區思維：** 或許一座小鎮無法提供你所有需要的事物，但要是你位處中央位置，四面八方皆是兩個鐘頭內就到得了的城鎮，那你能取得哪些資源？或許滿足得了你所有需求，包括未來找到一份非遠距工作。

5. **擔起學校教育的責任：** 想要完全逃離地理掌握的教育霸權，你就得幫孩子自學上課，而能幫上忙的選項不勝枚舉。但如果你不想要孩子在家自學，請務必記得學測分數不是學校品質的唯一指標，大多地方肯定都有適合你孩子的學校。班・溫徹斯特指出，他的孩子在小鎮學區參與體育運動等課外活動的機會變多了，畢竟這類活動總要有人參與。[36]

6. **讓孩子理解可以在當地做些什麼：** 最後，你當然希望孩子為自己選擇最好的道路，但千萬別因為你相信孩子需要展翅高飛、前往一個可以累積歷練的地方而排除了現

居地。某座密西根州小鎮就在高三生畢業之際，發給每個人一個電子郵件信箱，他們想傳達的訊息是：無論你決定去哪裡，這裡永遠為你預留一個位置。[37]

地點個案研究：美國愛達荷州伯利

人口總數：10,313

- **地理異象**：與距離兩個半鐘頭車程的愛達荷州首都博伊西（Boise）相比，伯利的位置更鄰近猶他州和內華達州邊境。

- **距離最近的好市多**：位在往西駕車 45 分鐘的雙子瀑布市（Twin Falls）。

- **人們住在這裡的理由**：居民多半都是本地人，麥可·蘭西（Mike Ramsey）和妻子大學畢業後返回伯利，開了一家到哪都能工作的行銷公司「絕妙行銷（Nifty Marketing）」。麥可說：「搬回伯利的風險真的超級無敵高，但我看準這麼做不會錯。」他們的家人目前仍居住伯利，而這對夫妻的理想生活是一個已經內建保母的社區，可以幫忙他們看顧小孩，到了週日還能和大家庭一起晚餐。麥可辭去白天的工作、展開全新事業的那天，這對正在尋覓新屋的夫妻檔有了突破進展。[38] 就像征服墨西哥時燒掉西班牙遠征隊船隻的埃爾南·考特茲（Hernan Cortes），他們已經不能回頭了。

- **本地之星**：「絕妙行銷」的客戶絕大多數都不是本地人，多半客戶甚至不知道這間公司的所在地。在「絕妙行銷」的初創期間，麥可盡可能不向人提及這個規模不大的城鎮，生怕讓客戶以為他們是不夠認真的公司，經年累月下來，選擇在伯利落腳反而形成正面成效，貼切體現了小鎮價值。麥可解釋：「後來我們開始擁戴這種小鎮生活。」

- **推廣台詞**：儘管一開始麥可擔心焦慮，事實上對「絕妙行銷」而言，吸引人才易如反掌。麥可指出，比起在博伊西等城市能賺到的收入，他們在伯利的所得甚至更豐沃，他們也不用花多少時間就能到達山區來場健行，或在蛇河（Snake River）划獨木舟，對於有孩子的家庭來說這種生活很美好愜意。麥可說：「有一種人就是懂得善用環境，他們樂於擁有一份類似都市工作的工作，卻住在一個可以真正享受生活的地方。」有的員工是本地人，但就算不是本地人，他們也可能在該地買房、參與當地事務，這也幫「絕妙行銷」築起一面銅牆鐵壁，抵禦其他類似公司可能遭遇的風浪，至於想要待在伯利的員工，也很可能會想留在「絕妙行銷」。

- **賦予伯利新生命**：在一座規模小如伯利的城鎮，一間擁有 25 名員工的公司影響力已算龐大。幾年前，麥可買下伯利一棟斑駁蕭條的 40 年代市中心破舊建物，當作「絕妙行銷」的總部，結果此舉催化當地發展，現在有許多活動，其他企業家也買起房地產，重建整修空置許久的建物。有人開了一家高級餐廳，煥新的房地產辦公室和客服中心也跟著進駐。他有幾名員工甚至自立門戶，開了幾家與老東

家方向不同的行銷公司。對麥可而言，他們並不是競爭對手，卻充分說明了伯利的成長產業。

- 未來學生：如果麥可的四個孩子想要上州立大學，他們有好幾個選擇，包括愛達荷州大學，而該所大學 2021 年的州民學費每年只要 8,300 美元。然而身為高等教育西部州委員會（Western Interstate Commission for Higher Education）的其中一州，愛達荷簽署一份互惠協議，於是 15 個西部州的學生可享一百六十多所公立大學和學院提供的學費減免優惠。這 15 個州包括阿拉斯加州、亞利桑納州、加州、科羅拉多州、夏威夷州、愛達荷州、蒙大拿州、內華達州、新墨西哥州、北達科他州、奧勒岡州、南達科他州、猶他州、華盛頓州、懷俄明州。

- 如何成為人才外流終結者：麥可的想法是，若想拯救像伯利這樣的小鎮，培育土生土長的企業精神就是關鍵。伯利每一年會有 200 名左右的高中畢業生前往其他地方就學，該區其餘的鄉下學校也流失兩百名畢業生，最後該區每年總共損失四百名畢業生。如果你可以說服幾個人留下或是返鄉，「並從根基開始，在當地展開事業，這就是讓小鎮成長並且解救美國小鎮的方法。」麥可說。

第 11 章

貢獻一己之力，
當個好居民

選點策略價值：目的性

2016 年，亞曼達・史塔斯（Amanda Staas）和外子路克・昂凱弗（Luke Uncapher）在俄亥俄州貝爾方丹（Bellefontaine，擁有 13,370 人口）市中心等候精釀泉（brewfontaine）啤酒吧的空桌時，隨興在街上閒逛，意外發現一棟前身是平價商店、現在改建為老式磚瓦風格的「市集（the Marketplace）」小商場。寥寥幾家店面藏身在小商場內，有美髮沙龍、銀行、咖啡廳，亞曼達發現其中一間店面櫥窗上掛著「出租」招牌，於是一等到啤酒吧的桌位，她便立刻坐下寫電子郵件給刊登出租廣告的人，表示：「我有興趣承租店面」。[1]

亞曼達和路克先前只來過貝爾方丹數次，他們搬進距離不遠的一間老屋，可是他們的工作（她在 Express 公司辦公室從事電商工作，他則是在模具公司擔任廠房經理）還在哥倫布，如果遇上交通堵塞，通勤時間會超過一個小時。亞曼達表示：「我的工作時間漫長，更別說還得開車上下班。我們知道這絕對不是長遠之計，未來一旦有了孩子，到時恐怕連自己的孩子都別想見到面。」

她的出走策略是在離家近的地點開一家精品服飾店，這陣子以來也曾隨機打過幾通電話，為不遠的馬里斯維爾（Marysville）有意出租的零售店面聯絡房地產代理，並抄下對方轉告的細節：34 坪，佣金 800 美元，含電費，多謝致電。

可是，當她和有意出租「市集」商場店面的房東通話時，情況卻完全不同，對方聽到她想利用閒置店面開設一間精品服飾店時興奮不已，還告訴她精品服飾店正是他們心目中的理想店面，

事實上他們早就裝好展示服裝的高檔燈光。亞曼達預計剛開店時先保留全職工作，而這一點也沒有嚇退他們。他們說：「我們很彈性，妳需要怎麼做都好。」

亞曼達回憶當初：「我即刻感受到他們的支持，他們馬上積極回應，給我一種『噢，他們是真的在乎』的感受，而不是房地產代理冷冷回說：『快把我的 200 美元交出來』。」

市集商場的房東是 39 歲的傑森・達夫（Jason Duff），他從小就在父親的建設公司和媽媽在鄰近小鎮開設的 Hallmark 禮品店打工，在北俄亥俄大學取得商學學位後，他搬到貝爾方丹，並於 2008 年金融危機前夕取得房地產證照，無奈他的房地產成交數始終交白卷，於是他開始動起買房的念頭。[2]

跟俄亥俄州鐵鏽地帶的諸多小鎮一樣，貝爾方丹曾幾何時也擁有蓬勃發展的農業和製造業，卻在過去這三十年間苦苦找不到立足點。有些居民想要拆除貝爾方丹市中心的美麗老建築，騰出空間改建成停車場。傑森無法接受市中心潛能遭到糟蹋，於是在 2010 年以 1 美元向土地銀行買下市中心的 1890 年磚瓦建築。[3]

後來，他的商業模型演化成購置建築重新翻修，接著在於2011 年創辦的開發公司小國度（Small Nation）協助下招兵買馬，找來最優秀的人才進駐商場，開設他理想中的店鋪。傑森和他的團隊心知肚明，若想扭轉貝爾方丹的產業方向，當地設施就得帶有大城市居民喜愛的店家影子，依此打造出一座城鎮。他解釋：「一回到俄亥俄州小鎮，我就希望可以打造出一個可以讓同鄉對返家引領期盼的理由。」[4]

傑森和小國度在法院大樓對面的 1890 年磚瓦建築，開了一

間優質窯烤披薩餐廳，做法是挖角五度贏得世界披薩冠軍的高手，說服她離開距離不遠的餐廳，另外開設「市中心 600」（Six Hundred Downtown）餐廳，在獲得近 1,300 則 Google 評論後，這間餐廳的平均評價仍是超高的 4.7 顆星。

接下來，傑森覺得貝爾方丹少了好咖啡。某次，傑森造訪位在貝爾方丹北部，距離約莫一個半小時、擁有 2,000 人口的俄亥俄州村莊萊普希奇（Leipsic），並開始和市中心咖啡廳一名熱血沸騰的咖啡師傅天南地北聊起來。傑森發現布萊登・坎貝爾（Braydon Campbell）的成長地點距離貝爾方丹不遠，於是邀請他親自至商場巡視場地。

相約參觀的那天，傑森在近期購置的建築內陳設二手家具，臨時營造出咖啡廳氛圍，他的高製造價值打動了布萊登，於是他決定返回貝爾方丹，開始經營本土咖啡館（Native Coffee），目前已在當地賣了五年手工烘焙有機咖啡。

貝爾方丹小鎮的規模和當地領袖願意為當地注入活力的開放心態，更是為傑森的投資助了一臂之力。他們的決策流程不拖泥帶水，跳過不少繁雜手續。傑森說：「八年後，我們總共翻新了四十多棟小鎮歷史建物，如果我還待在哥倫布，同樣資金恐怕只能翻新兩、三棟老建築。」

小國度不斷翻新市中心的閒置空間，漸漸打造成貝爾方丹當地人樂見的居住環境。傑森說服貝爾方丹的鬍子族開一家手工啤酒廠，還造訪 Etsy 手工藝品網站，邀請俄亥俄州最當紅的賣家前來視察貝爾方丹實體店面。如果他們遲疑不定，他就會說服對方先在市集商場開設假日快閃店，並告訴他們：「我相信，你的業績到 11、12 月會達到高峰，接下來你就會想在這裡正式開

店了。」

　　不論是退休人士、擁有特殊技能的人，還是低調的企業家，小國度都為他們提供價格低廉的空間、創業資金、長期特訓、指導教學、加油打氣，幫助他們的事業輕鬆起飛。小國度會證實自己的概念，例如模擬一間咖啡廳的空殼，好讓前景看好的零售業者相信咖啡廳在本地有發展空間。小國度也在想像中應該開設麵包坊的空置店鋪展示櫥窗上，張貼甜甜圈和馬芬糕的防水貼紙，路人行經時忍不住說：「這裡是不是很適合開一間麵包坊？」

　　小國度亦在臉書上激起群眾興奮期待的情緒：「請投票！請問你覺得這裡是否適合開一間麵包店？你想要看見什麼樣的麵包店？」這時大家會開始標籤經營烘焙蛋糕副業的好友，小國度的某位員工則會鍥而不捨地追蹤所有動態。

　　貝爾方丹的市中心就像真實上演的《祕密》（*The Secret*）*，彷彿小國度將人們的夢想欲望化為現實。想要體育酒吧？那有什麼問題。咖啡廳？當然可以。發薪日貸款鋪、刺青店、大麻商店則是打了個大叉叉，因為傑森覺得這些店面不符合他想像中家庭友善的貝爾方丹高檔市中心。小國度一點一滴、戒慎小心地將貝爾方丹塑造成一個文青場景。

　　傑森和小國度的聯手出擊之所以奏效，主要是因為貝爾方丹的發展基本上早已跌落谷底。「這裡的經濟真的慘到不能再慘，像我這樣的人都能購置大樓建物，為當地帶來正面改變。」傑森

---

* 澳洲製片人朗達・拜恩（Rhonda Byrne）於 2006 年推出的心理勵志電影，透過一系列採訪彰顯出「只要相信自己，你就辦得到」的樂觀積極價值。電影上映後不久，同名書亦上市並登上《紐約時報》暢銷書榜。

說，是有了低廉房地產、資金運籌、簡化法規程序、社區夥伴樂於伸出援手等條件，才造就今日的成果。

但你千萬不能低估懷抱願景的價值。亞曼達・史塔斯開設的服飾店，也就是傑森想像中應該是服飾店的空間，生意好到 2018 年亞曼達辭去工作，最後甚至將衣架子精品（Hanger Boutique）店面遷至大街，坪數幾乎雙倍成長，不用多說，新店面的房東當然也是傑森。

不只為了錢，而是獲得意義

這十年來，小國度的 11 人團隊總共催化 2,800 萬美元的公家和私人投資，購置翻新了 40 棟建築。目前市中心有七間嶄新餐館和活動場地、26 棟舊廠房倉庫改造的公寓、50 名全新進駐當地的專賣店主，總共創造出 121 份全新職缺，而這些全集中在一座擁有 14,000 人口的小鎮。[5]

傑森說：「我認為，祕訣就是你必須找到熱愛這座城鎮的人，也得有願意為你賣力拚搏的夥伴。」[6]

我不想過於美化這個故事，或許傑森・達夫確實成功為貝爾方丹改頭換面，然而這一切當然還是不脫賺錢。小國度的年盈收超越 100 萬美元，該公司名下的房地產總數目擴增至六十多間。

但傑森不是只為了賺錢，若是如此，他當初肯定已經接下第一份開發案，並且裹足不前。當初他的銀行專員建議他先在貝爾方丹市郊蓋一棟自助儲物倉庫，在購置歷史建物前累積紀錄，換作是別人可能想都不想就加入這種投資，低價又不費力的投

資？有何不好？蓋幾間自助儲物倉庫、輕鬆入帳，重複這種投資模式，直到厭倦為止。

不過，傑森看得出這座城鎮的將來不是只有自助儲物倉庫，他的目標是將自己和居民居住在貝爾方丹的經驗變得更美好，後來無心插柳成了當地經濟的強大推手。

也許太過強大了。綜觀小國度過去十年在貝爾方丹投入的各項開發案，即使傑森根本不是民選官員，評論家可能也會說他的推動力太強大。再說也不是所有人都樂見改變（我們有時會稱這些人是「原始人」──幾乎完全反對改變的市民）。

傑森忍不住抗議，他得像大富翁擁有足夠房產才能推動改革，然而他的目標並非成為「擁有城裡所有建築的沃爾瑪大企業」，而是計畫把建築的所有權轉讓業者，五五分帳，與他們結為合作夥伴。

總而言之，大多居民都抱持堅定信念。幾年前一位大姐上前對傑森說：「謝謝你讓我重新愛上我的家鄉。」傑森這時才恍然大悟：「好，看來真的奏效了，我下的苦工是有意義的，而且舉足輕重。」

深深感受到自己的工作具有深遠目的性，正是大多人希望從工作中獲得的關鍵報酬，相信亞當‧葛蘭特、洛莉‧高勒、賈內兒‧蓋爾、布黎恩‧哈林頓調查的臉書員工也有同感。**過去，光是製作小產品賺大錢，帶著滿滿荷包回家已足矣，可是現在我們想要的是感覺自己對世界貢獻個人價值。**

也許身為遊牧工作族，你的工作已經夠有意義，譬如經營可以改寫他人命運的部落格或製作播客節目、指導客戶進步、開發讓他人更輕鬆工作的軟體。

　　但也有可能你只是製造小產品，這樣也沒什麼不好。

　　我們想要從工作中獲得意義，但坦白說不是所有工作都有意義，抑或需要全心投入，才可能創造出狀似具有意義的東西。（我打廣告的氣泡調酒可以讓人……開心放鬆？）要是我們可以在居住環境形成影響力，從中找到意義呢？

光是在當地生活，就是改變的推手

　　對傑森・達夫等幸運兒來說，工作和幫助社群指的是同一件事。他平日的工作就是改造他居住的城鎮，而且效果顯著，他也親眼見證小鎮變得越來越好。

　　亞曼達・史塔斯原本只是想要縮短漫長的通勤時間，卻在開了衣架子精品服飾店後，感受到她在貝爾方丹形成的深遠效益，也就是以商店吸引人潮前往市中心，幫助小鎮成長。亞曼達經常為了社群活動、商業團體、學校募款人貢獻時間、精力、金錢，她店面的成功蓬勃亦和小鎮脣齒相依。[7]

　　你通常能以自己的工作技能打造社群，像是幫忙愛荷華州小鎮撰寫廣告文案的移居安定型達茜・莫斯比，或是為西維吉尼亞州拍攝美麗影片、助力小企業行號的製片人賈斯丁・李登。

　　不過，有許多遊牧工作族藏身在雲端深處，如果你進行遠距工作或是專接國際客戶的案子，工作和私人居住環或許沒有明顯交集，你的工作甚至幾乎不存在真實世界，而你的影響力甚至比不上自助儲物倉庫老闆！（在我出版《這裡就是你的歸屬》前，鎮民是在牙醫診所瞥見我寫的《讀者文摘》文章，才知道原來我

是作家。顯然只有牙醫診所才看得見《讀者文摘》雜誌的身影。）

好消息是你不必在生活城鎮中工作或擁有公司，才能在小鎮形成正面影響，光是住在當地，你就能夠融入，並且影響整體社群的經濟面。

有些事是自然而然發生的，例如住在當地繳房租，到餐廳用餐、買菜購物，光是這樣就能協助當地經濟。Upwork 接案平台的首席經濟學家亞當．奧茲梅克（Adam ozimek）指出，到哪都能工作的模式可能促進經濟效力、引進來自大城市的機會。當你冒險來到某個意想不到的地方居住生活，你已經鞏固該地的經濟基礎。[8]

光是在當地生活，你已經成為當地的改變推手，不管是擔任義工、成為社會運動人士、鄰居，或只不過是參加一年一度的西瓜嘉年華會、向女童軍購買餅乾都有幫助。積極參與社群活動可以提升你的地方依附，產生歸屬感和對於一個地方的熱愛，而這便可帶給你更深遠的人生意義和目的性。

若要說我們從新冠肺炎學到什麼，那就是最堅固穩定的經濟即是村莊經濟，也就是自給自足、互相扶持的經濟體。當社區上下合力拯救一間快要撐不下去的餐廳，抑或在當地製作虛擬小費箱，支持失業的髮型師和咖啡師，已經足以說明要是你加入他們的行列，小村莊絕對也會為你赴湯蹈火。

你可能永遠不會加入小村莊的行列，而是堅持四海為家型的走到哪住到哪，或是尋尋覓覓型的未定論。在這個過勞的年代，避免深入可能要求你貢獻心力的社群似乎省事許多，也是比較聰明的做法，讓你可以將火力集中在出售小產品賺錢的主力競爭。

然而，無論是工作還是生活，你和所處環境的互動連結越

強，你的人生就會越美好。在聖地牙哥，某書店老闆需要開心手術時，有好幾個書店老闆同業（換句話說就是競爭對手）站出來，在他術後痊癒時幫忙經營書店。[9] 當你的生活失衡，居住社區的居民可以從旁照顧你（有時甚至照顧你的生計）。

作家珍妮・安德森（Jenny Anderson）解釋，社群就是一連串小抉擇和日常行動的總和：週六怎麼過、鄰居生病時怎麼處理、沒時間的時候要怎麼擠出時間。主動去認識他人，也讓他人認識自己。投資在某個地方，而不是試著搬去其他地方。社群就像樂高積木玩具，需要日積月累，一塊一塊慢慢堆砌，沒有快捷的偷吃步。[10]

如果你是遊牧工作族，你的城鎮就是你的辦公室，這時你不用擔心該如何從自己的事業發掘人生的意義和目的性，應該擔心的是怎麼對居住地貢獻，並從中發現意義和目的性，於是在社區當一個好居民便成了你的職業。

多元化，是成功的實際指標

有時，我們人都還沒搬過去，就會以我們對一個環境的要求在腦中形塑這個地方。

艾蘭・華森（Elham Watson）對北卡羅萊納州存有各種幻想，尤其是兩名好友已經定居的城鎮夏洛特（Charlotte）。在那裡，每坪售價平均低於她加州家鄉沙加緬度（Sacramento）350 美元。[11] 她會告訴你，想在沙加緬度購置房地產，你就得經歷繁雜手續，像是多方出價、放棄先決條件、提出超過開價幾千百元的價格

（前提是最初開價不能太高）。「我真的受夠每月付 3,000 美元，最後卻只能住在小公寓裡的日子。」她說。

幾年前，艾蘭的投資公司研究員改成遠距工作，最近她丈夫麥特的環境顧問工作也是，於是他們就這麼躋身遊牧工作族，在加州的生活越來越讓人提不起勁、政治緊張、生活開銷更是令人吃不消，但好消息是他們總算不必再被硬綁在當地。艾蘭說，在加州想要過上正常的中產階級生活，你需要一份上流階級的所得。「我們的收入算不錯了，卻老是覺得錢不夠用。」如今在美國另一端的夏洛特正向他們招手，相較之下那裡的一切都較為合理。

消費低廉是他們的選點策略首選，另一項放在首位的選點價值則是多元化。身為第一代伊朗移民，艾蘭在沙加緬度的市中心貧民區長大，她開心回想著猶如大雜燴的學校，同學皆來自不同種族背景，後來他們舉家搬到沙加緬度近郊，剎那間她變成少數族群。「我心想：『我怎麼和大家那麼不一樣？』我從未體驗過這種身為異類的感覺，而我受到的待遇也說明了我是異類。」911 事件發生時，她的弟弟正好就讀高中，他的遭遇甚至更慘。「正是這些因素讓我對多元背景的議題非常敏感。」艾蘭說。

夏洛特的人口不到一半是白人，35％是黑人，艾蘭的丈夫是白人，他們的孩子則是淺膚色的混血兒，她最擔心的是找不到完美的種族多元環境。如果他們選擇有色社區，孩子可能像她和弟弟一樣遭到排擠嗎？如果他們住在多為白人的社區，是否會與自身的伊朗背景漸行漸遠？

大多人至少會拿種族包容說嘴，表示自己想住在多元包容的社區，與不同種族、宗教、國籍、語言、所得水準、性取向、

性別認同的人自在相處。根據一份 2020 年 Livability 的調查，大多千禧世代把多元化當作選點策略，每十個西部受訪者中就有九人表示，他們較願意搬到自己眼中更多元包容的地方，88％的非白人受訪者也一樣。[12]

　　就地點來說，多元化是成功的實際指標，社會學家李查・佛羅里達在 2020 年的著作《創意階級的崛起》（*The Rise of the Creative Class*）中，依據一項包容指標為各座城鎮進行排名，該指標量測某地有多少同志、移民、外國出生居民，以及不同種族的團體是否相處融洽。他發現，**最熱情接納多樣背景團體的城市，同時也是最成功的城市，當地居民的所得較高，革新更多，也較健康**。[13]

　　比較可惜的是，我們雖然嘴上說希望多元化發展，但實際可以選擇時卻不盡然如此。在職場的環境裡，員工可能會說他們重視多元化，實際上卻不想把這納入僱聘員工和升遷的決定要素，大多人難免受限於小圈子的偏好，不知不覺被與自己外貌、行為、思想相似的環境吸引。[14]

　　不管你喜不喜歡，多元化都有越來越上升的趨勢。美國近 7 成最大城在過去十年間變得更種族多元化，由於約有一半 Z 世代來自有色社區，這個趨勢可能持續下去。[15] 而儘管步調緩慢，即使是偏遠鄉下的地區，現今也愈趨多元化。[16]

　　只要像艾蘭一樣知道擁戴多元化非常重要，身為尋尋覓覓型的你便能抵擋小圈子的誘惑。若你是移居安定型，你可以在居住地多多支持黑人、原住民、或有色人種（簡稱 BIPOC）的社群團體或相關族群經營的公司商家。如果你是四海為家型，可以認真檢視自己是怎麼與不同文化的人互動。

經濟成就本來就不公平，幾個世代以來皆是如此，將多元
化納為你的選點策略，並且在自己的社群支持落實，這就是身為
遊牧工作族的你可以發揮的影響力。

越多不會越好，小一點反而好一點

穩定成長的經濟體，就是經濟學家測量城市成功的黃金標
準，畢竟這代表當地有更多公司商家，有更高的生產力、更多工
作機會和盈收等，數不清的更多。

更多錢確實可以讓生活更美好。2010 年，眾所周知的普林
斯頓大學研究發現，年收入 75,000 美元就是讓一個人覺得自己
生活無虞的甜美數字，經過通貨膨脹調整之後，到了 2021 年這
個數字就等於 91,000 美元，而年薪超過這個數字並不會為個人
的幸福安康加分多少。[17]

**「越多越好」的經濟發展模型，不會讓社群變得健康、公
平、永續發展**。比爾‧麥奇本（Bill McKibben）在他的精采著作
《在地的幸福經濟》（*Deep Economy*）中指出：「或許太專注
於取得過多物質，讓我們只想著自己的需求，讓我們離群索居，
而不再是社群的一分子，可是這樣卻違反我們身為人類最基本的
直覺。」[18]

疫情期間，我們從誰可以成為遊牧工作族看見了經濟不均
等的證據。數字很明顯地一面倒，分成大兩族群，一是可以和家
人安然家裡蹲的白領員工，另一個則是必須繼續親自報到的服務
業勞工，但後者享受不到財務安穩和健康保險，全新疾病上門時

沒有保障。

即使到了現在，最貧窮的美國人依舊享受不到遠距工作的好處。根據一份 Redfin 房地產網站的調查，78％遷居的人表示即使他們升級大房子，仍然有更多的可支配所得。[19] 但是有能力搬家的人很可能本來就是高薪白領員工，與一成年薪僅僅 4 萬美元或甚至更少的低收入者相比，9 成年薪超過 10 萬美元的人更有機會在未來轉為遠距虛擬辦公。「最迫切需要低價住房的人，反而最沒有搬遷的彈性，」Redfin 的執行長格蘭‧克爾曼（Glenn Kelman）指出重點。[20]

分配財富、以保人人都過得安好舒適，在這方面人類的經濟體是不夠好。可是，在不同當地社區中，你卻能看見各式各樣的例子，發現遊牧工作族捨棄老舊制度，建立一個協助所有人生活更舒適美好的新世界。

魯迪‧葛洛克（Rudy Glocker）在新罕布什爾州林肯（Lincoln，人口總數為 1,600）成立戶外運動服飾公司速發戶外運動用品（Burgeon Outdoors），正是因為他想改變當地。小時候曾多次到新罕布什爾州過暑假的他深深愛上這裡，卻眼睜睜看見該州受到經濟波動重創，白山（White Mountains）地區的人口縮水。「很不幸，許多工作遷離當地，可是我想要扭轉局勢。」他這麼告訴我。[21]

林肯俱備競爭優勢，是滑雪客和登山族熱愛造訪的戶外活動中心，但是對於魯迪來說，當地的小規模更具吸引力。魯迪說：「如果我在紐約市創造十份職缺，沒人會知道，但要是我在一個擁有 1,500 人口的地區創造十份職缺，等一下，這樣不就占了 1％的勞動力？如果你想要形成影響力，就得去一個真正能讓人感覺

到你影響力的地方。」

　　意外的是，僱請俱備牢靠技能的本地人並不容易。當地工廠早在 25 年前關閉，留下的居民幾乎沒人知道如何裁縫。如果速發公司今天成立於紐約市或波士頓，魯迪找到裁縫工的機會比較高，而且就算支付員工低薪恐怕也不會有人發現。魯迪說：「但是我從沒想過這麼做，因為我們不會嘗試。我們不想在波士頓創造更多職缺。」他的重點是重建一個苦苦掙扎的社群，而這間服飾公司可以創造工作機會。

　　於是，擁有哈佛商學院工商管理學位的經濟學家魯迪，不但提供勞工彈性工時、生活無虞的薪資、健康保險、每月銷售紅利，甚至將 5％銷售額捐給新英格蘭殘障運動（New England Disabled Sports）等當地的非營利組織，公司還在新冠肺炎期間製作並捐贈一萬個口罩。速發透過各個小舉動，讓新罕布什爾州的鄉下生活變得更宜居舒適。

　　在人口總數 320 的西維吉尼亞州沃登斯維爾（Wardensville），保羅・揚度拉（Paul Yandura）和唐納・希區考克（Donald Hitchcock）也有類似經驗，不過他們起初只是無心插柳柳成蔭。這兩人先是在沃登斯維爾買下第二棟房子，當作逃離華盛頓哥倫比亞特區的週末度假小屋。保羅在哥倫比亞特區經營政治顧問公司，唐納則是販售醫療器材，直到有天他們決定不回去了。「我和唐面面相覷，然後說：『好啦，我們真的受夠華盛頓了，現在該如何是好？』」保羅回憶當下，結果後來他們搬到沃登斯維爾的小木屋，開始賣起房地產。[22]

　　沃登斯維爾鳥不生蛋，鎮上只有一間小七便利商店和一家美元將軍折扣店，也因此老飼料店掛上出售招牌時（也是他們第

一間上市的商業房地產），他們自己買了下來。後來，他們將店面改成時髦卻帶著樸實鄉村氣息的商店，店名取為「迷失流域貿易站」（Lost River Trading Post）。店內販賣五花八門的商品，包括手工啤酒和本地自產的線香，店面前方擺置一尊亮橘色乳牛雕像，貿易站就此揭開序幕，自 2013 年開業以來，年年有二位數字百分比的銷售成長。

以商店本身來說，一間在小鎮經營成功的商家可以帶來巨大的經濟效應，像是增加當地稅收、房地產稅、遊客。可是，後來卻發生了兩件事。其一是唐納在主要大街上緊鄰迷失河域貿易站的自家門前掛起一面彩虹旗，「結果此舉引起軒然大波，」保羅說。有些選擇掛上南方聯邦旗的鄰居簡直氣炸，保羅和唐納不但接到死亡威脅，住家亦慘遭破壞。23

然而，這面彩虹旗卻吹起響亮高昂的多元音符。激昂的音符告訴大家，或許沃登斯維爾不像你們想的那麼保守死板。其他自華盛頓哥倫比亞特區遠漂而來的居民深受小鎮逐步上演的改變吸引，也開始移居當地、經商開店，想證明「如果你們辦得到，我們也辦得到。」有個女人騎乘摩托車行經當地時巧遇唐納和保羅，後來決定買下小鎮的老舊汽車旅館，改建成風格時尚的《富家窮路》（*Schitt's Creek*）*。（順帶一提，保羅超愛這部電視劇，但不是唐納的菜。）

現在，這對伴侶的房地產客戶中有同志、拉丁裔、黑人，而他們都想在沃登斯維爾置產。「所以我們現在可說是有前所未

---

* 故事講述一個富有家庭因為慘人所害，宣告破產，最後不得不搬到當初開玩笑買下的鄉村小鎮，全家人擠在一家破爛的汽車旅館展開新生活。

見的多元發展。」唐納說。[24]

　　沃登斯維爾演進成長的傳奇故事並非一路順遂，至於酸民，嗯，好像從來沒有不酸過。但保羅和唐納開了一家非營利社會企業，吹奏出希望滿滿的音符：既是農場、市集，也是烘焙坊、廚房，讓本地年輕人在保羅所謂的「生活教室」上課。他們的職員一直都落在 80 至 100 人，全託這間公司的福，否則許多青少年只能在沃瑪爾超市或雞肉加工廠打工。

　　好笑的是此舉讓酸民閉嘴了。保羅表示：「很多祖父母、父親、姪女、姪子、叔叔伯伯或許會口無遮攔，閒言閒語（我們的事），可是他們的小孩會幫我們出氣，對他們說：『閉嘴，我認識他們耶』或『喂，我是他們的員工，他們人其實很好。』」

拯救你所愛，別具意義

　　是否有可能不開業或成立非營利組織等創舉，就在社區促成改變嗎？當然可以，只要投資有此意願的人即可。費城有個名叫「嬸伯團隊」（Circle of Aunts and Uncles）的組織進行募資集資，為業者提供小企業貸款，尤其是女性、有色人種、低薪背景族群等不易取得投資資本的人。[25]

　　2015 年，他們通過第一份低利率貸款，貸款人是開設海地克里奧爾風格精品店 Fason De Viv 的哈妮法‧薩瑪（Hanifah Samad）。當時哈妮法剛把店面搬到費城的舊城區，需要存貨資金，嬸伯團隊就在這時挺身而出。

　　繼哈妮法之後，其他 21 名小型企業主也接收了嬸伯團隊的

捐款，包括限量冰淇淋製造商、咖啡熟食店主、服裝設計師、紡織製造商，而他們不只獲得貸款，也被當作「姪子」、「姪女」照顧（因此難免會收到長輩的忠告）。

　　如果你想在小鎮形成影響力，就把資金投資在你希望協助的事業、看見他們發展蒸蒸日上的人身上，亦把資金投資在對你別具意義的地方。

　　就許多城鎮來說，別具意義的地方指的是當地酒吧。英國有 80 個曾經拯救小鎮酒吧的社群，南斯托克（South Stoke）村民則是其中一個，他們將價值 600 美元的股份賣給社區成員，並召集義工，耗時數百個鐘頭將酒吧改頭換面。當駄馬酒吧（Packhorse）重新開業，全鎮上下的人都來了。率領「拯救駄馬」（Save the Packhorse）計畫的本地企業家唐姆・莫爾浩斯（Dom Moorhouse）說：「現在，我們有 430 個希望酒吧起死回生的人，他們就是我們的行銷人員。」[26]

　　至於澳洲的尼亞賓（Nyabing）鄉間小鎮，則是全靠當地人的作物所得拯救當地酒吧。在這塊 1,500 畝的小鎮土地，人人栽種（通常是大麥），人人收割，而他們募得的款項（通常高達六位數字）通常用在基礎建設案，例如購置翻新小鎮酒吧，協助尼亞賓客棧搖身一變成為人潮聚集的據點。[27]

　　我們拯救所愛，也正是因為它們是我們救回來的，我們熱愛自己所拯救。 也許因為某地需要你而選擇在當地落腳，聽起來是一件很奇怪的事，但要是你尋尋覓覓意義，跟為了居住社區貢獻相比，低稅收和便宜住房無法帶給你意義。如果你以一群居民，以及他們的生計與想望的角度為出發點，觀看當地經濟，你就更可能因為促成該地的成功而感受到目的性。

選點策略課堂：目的性

目的性，是驅策員工並讓他們從工作獲得滿足的原始 3P 之一（另外兩者分別是職業和人際）。對於遊牧工作族來說，捍衛本地經濟的成功，可讓你在社區產生深遠的目的性。以下提供幾種做法：

1. **做出對社區有好處的聰明決策：**有意識地決定你的花錢場所和方式，正如魯迪・葛洛克所言：「我們每天做出的微小決定會日積月累，形成具有影響力的巨浪。」28

2. **投資：**以實際作為替你重視的商家貢獻一己之力，像是加入類似費城的嬸伯團隊等微型貸款團體。在 Kiva 平台上，你可以為世界各地的企業家供應小型貸款，而這很可能包括你自己生活的小鎮。上 Kiva.org 網站搜尋美國各個社區的小商家老闆〔像是阿肯色州斯普林代爾（Springdale）的健身房老闆，或是加州拉米拉達（La Mirada）的鞋商〕。

3. **在當地購買，把錢留在本地：**如果你選擇在本地商家購物，比起將同一筆金額拱手讓給大型商場或全國連鎖店，你消費的金錢就能夠在本地流通。29 為了鼓勵居民優先購買本地商品，有些社群甚至會創造自己的錢幣。如果你的小鎮有當地錢幣，倒也可以考慮投資。

4. **歡迎多元化：**在你的小鎮尋找專門支持有色社群經濟成長的團體，好比經營一所企業學院的非營利組織辛辛那提迫擊砲（Mortar Cincinnati），該校 87％ 學生

是有色人種，其中67％是黑人女性。在你的社區支持
BIPOC族群開設的商家，亦等於為公平財富分配出了
一份心力。[30]

5. **活在甜甜圈中：**牛津大學環境變遷研究所（Environmental
Change Institute）的資深副研究員凱特・拉沃斯（Kate
Raworth）將經濟體比喻成一個甜甜圈：中央的「孔洞」
是規模過小、無法為所有人供應生活必需品的經濟體，
甜甜圈外圍則是無限蔓延成長的經濟體，雖然狀似發展
蓬勃，卻對地球造成破壞。最恰到好處的經濟體是甜甜
圈本身，這個健康的經濟體可以與健康的地球共存。可
以觀看她關於「甜甜圈經濟學」的TED演講，從中獲
得靈感。[31]

6. **集體行動：**城鎮問題多半不是由一個獨行俠出面解決，
而是一票有力出力的居民攜手合作。了解你的居住地目
前有哪些以改善環境為目標的團體，加入其中一個團
體，再不然邀請朋友加入你的行列，共同打造全新團體。

地點個案研究：美國喬治亞州湯瑪斯敦
人口總數：9,000

- 喪屍最愛：在亞特蘭大、梅肯和哥倫布形成的三角地
  帶，湯瑪斯敦不偏不倚就處於心臟位置，彼此間距不
  超過90分鐘的車程，對於運用喬治亞州拍攝補助金的

電視劇組勘景隊來說是十分理想的位置。《陰屍路》
（*Walking Dead*）就是在湯瑪斯敦的斯普雷維爾布呂夫公
園（Sprewell Bluff Park）拍攝。

- 值得來一趟：前身是工作牧場，後來轉型懷舊農業觀光
  遊樂場的岩石牧場（Rock Ranch），創辦人則是雞來
  福炸雞速食店（Chick-fil-A）老闆特魯特・凱西（Truett
  Cathy）。快來這裡參加全國南瓜爆破節（National
  Pumpkin Destruction Day），觀賞南瓜被怪獸卡車碾壓、
  裝上大砲噴射爆破、從 15 公尺高的鏟車狠狠拋擲落地的
  精采畫面吧。

- 轉捩點：2000 年，紡織工廠關閉時，該城一夕之間失去
  5,000 份就業機會。十八年後，當地電力合作公司贊助一
  個名為社區心靈（Community Heart & Soul）的佛蒙特計
  畫，義工挨家挨戶敲門拜訪，發送調查表格，請居民分享
  自己期望什麼樣的城鎮發展，以及他們欣賞目前湯瑪斯敦
  的哪些特質。他們甚至在社區嘉年華會時找來一面黑板，
  讓居民用明亮色系的粉筆回答「你喜歡社區的什麼？」，
  答案包括學校、居民友善、家庭氛圍。

- 多樣化數據：為了確保蒐集到的構想能夠實際代表多樣化
  社群，義工登門拜訪的同時也會蒐集人口統計數據。由於
  湯瑪斯敦有 43％人口為非裔美國人，他們鎖定的目標是
  從黑人族群中取得 43％反饋意見。湯瑪斯敦的年度奴隸
  解放慶祝大會擁有全美最悠久歷史，慶祝大會上黑人居民
  會坐下來，由義工記錄居民對慶祝大會及小鎮在民族融合
  的回憶。「從這些故事中我們發現還有尚待完成的任務，

以及大家最珍視的事物。」社區心靈的指導人珍妮・羅賓斯（Jenny Robbins）說。[32]

- **待辦清單**：最後有將近 7,000 位居民貢獻湯瑪斯敦需要改進哪方面的個人想法，後來推動了 20 項行動計畫，從「開一間雞來福炸雞速食店」到「市中心舉辦農夫市集」都有。社區心靈的活動結束後兩週，新冠病毒襲擊，卻沒有因此澆熄他們的熱血。2020 年夏天，他們在前身是活牛拍賣場的地點開辦農夫市集，現在當地也有一家雞來福速食店了。

- **衝衝衝**：活動計畫讓人動力滿滿，所以疫情期間垃圾越堆越高的時候，居民自發性組織清掃活動，而不是坐等政府採取行動。他們利用幾個週六的時間，將 1,590 公斤的垃圾裝進袋子。[33]

- **施工中**：下一項計畫是鋪設一條 20 公里的人行步道兼單車道，步道將連接市政中心、多所學校與公園、斯普雷維爾布呂夫公園，預算會高達幾百萬美元，但是從社區心靈蒐集的反饋意見看來，顯示民眾皆樂見其成。

- **在本地扎根**：藝術家芳恩・德羅西亞（Fawne DeRosia）說：「我總是覺得：『要是沒人要扛下這任務，不如由我來扛吧？』」於是，自從婚後搬到湯瑪斯敦，她就加入當地的藝術委員會，組織尋找復活節彩蛋活動及聖誕節燭光遊行，並且開了自己的商店空間、藝術工作室。她已在湯瑪斯敦住了二十載，是她截至目前居住時間最長的地方。芳恩能者多勞，一肩扛下大大小小的事務，於是在當地是無人不知、無人不曉。「有天我去 Dunkin' Donuts 甜甜

圈連鎖店時，發現大家都主動和我打招呼：『哦，哈囉，芳恩小姐，妳好啊。』我在這裡有社群，而這是我在其他地方建立不起來的。我猜其他人或許會視為理所當然，但我盡量不讓自己不把這當一回事。」[34]

第 12 章

住在有益身心
的環境

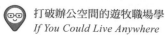
選點策略價值：幸福

　　身為遊牧工作族，你選擇的全新定點彰顯出你嚮往的人生，同時也是你投出的關鍵一票，投票表決你想成為哪一種人。對艾咪‧布夏茲（Amy Bushatz）而言，搬到阿拉斯加州就等於是投了戶外生活一票，而且是全盤賭上。[1]

　　艾咪會先打預防針，告訴你她絕對不是戶外活動型，然而丈夫路克 2009 年在阿富汗參戰時受到腦部創傷，最後從軍隊退伍，加上艾咪是 Military.com 網站的遠距執行編輯，夫妻倆直接就加入遊牧工作族的行列。

　　艾咪和路克已經多年沒有像這樣促膝長談，討論他們希望接下來在哪裡落腳。是艾咪的家鄉加州聖塔克魯茲？還是回到兩人曾經生活、也很滿意的西雅圖？軍隊免費讓他們挑選轉調美國任一個地點，作為退伍前的離別禮物，這更是讓他們覺得不能浪費大好機會。艾咪回想當初，說：「真的令人手足無措。」

　　某次，全家到肯塔基州進行露營之旅時，艾咪注意到她那受傷後就飽受失憶和組織技能缺失所苦的丈夫，在大自然的表現好像不一樣了，展露出數月來難得的輕鬆自得。她說：「感覺就像看見某人卸下裝滿煩惱的行囊，我心想：『不管我們做什麼，多接觸大自然勢必沒錯。』」

　　於是，找一個方便接觸大自然的地點就成了他們的首選，當路克決定就讀戶外教育碩士班，這對夫妻就這麼來到阿拉斯加州帕爾默（Palmer）。

　　在這之前他們從沒造訪過阿拉斯加州，內心自動把該州與2012 年競選副總統的阿拉斯加州長莎拉‧培林（Sarah Palin）劃

上等號。可是阿拉斯加有某種特質，更直接一點來說，是光想到阿拉斯州就讓他們覺得是它了。阿拉斯加位處荒郊野外，是美國的最後邊境，他們反覆考慮阿拉斯加豐富的戶外生活型態，以及杳無人煙、不見車水馬龍的環境。於是 2016 年，他們透過FaceTime 看屋時決定在帕爾默買下一棟房子，大膽地把賭注全押在「戶外生活會療癒我們」的信念上。

　　療癒，不會自然而然發生。在那裡的第一個陣亡將士紀念日，艾咪帶著一本小說《哈利波特》到露天平台上，決定好好享受如詩如畫的夏日時光，卻被冷雨逼得撤退回屋。

　　這時，她才從夢中驚醒、回到現實。在她選擇生活的這個州，夏季既短暫又不可預測。「艾咪，這就是現實，朋友啊，」她對自己說，好天氣只是一種貪圖妄想，「搭上火車，要不就下車吧。」

　　從那刻起，無論天公伯多麼不賞臉，艾咪都挑戰自己每天至少要踏出屋外 20 分鐘。穿戴上一身她在 REI 網上訂購的雨衣雨鞋，她和當年 8 歲和 5 歲的兒子開始在附近展開 4 公里健行，最後都是一身溼淋淋的狀態回到家，但至少沒人凍死。爬到最高處時，她可以大飽眼福當地美景，欣賞群山環繞的優美冰河景致。「這可能是真的嗎？」被美景震懾的艾咪不禁恍惚。

　　我們交談時，艾咪已連續 1,200 天在阿拉斯加戶外待一小段時間，艾咪決定全身心靈投入阿拉斯加生活，致力實踐她搬到阿拉斯加的初衷，而這裡也讓她自己有了轉變，她登山健行、滑雪、雪地行走、越野跑，參加週一夜晚的慢跑團體，整個冬天都和團友一起跑步，即使是時速 96 公里、感覺像是噴砂的狂風吹在臉上也照跑不誤。

這些並非她搬到戶外活動豐富的環境，就自然而然發生的事。事實上，**踏出戶外需要循序漸進，慢慢培養出日常慣例習慣，就像是希望心靈覺醒的人可能要培養閱讀聖書的習慣**。艾咪說：「我得下定決心這就是我要做的事，然後全力以赴。」

她浸淫在大自然的時間效果強大，最後滲透入她的事業。她在帕爾默家中的小房間錄製他人分享大自然歷險記的播客節目《戶外人》（*Humans Outdoors*），也正在著手一本相同主題的書，而這都是當初和丈夫選擇居住阿拉斯加時，始料未及的發展。

放大潛能，享受無關工作的喜悅

和我聊到該如何決定地理位置時，幾乎沒有一個遊牧工作族會說：「我搬到這座小鎮的唯一目的，正是因為這裡有很好的工作機會。」這就是重點不是嗎？當你已是遠距工作者、自由接案人、企業家，或者退休人士，充足的就業機會已不再是重點。沒錯，你是應該找一個能夠滋養你工作的環境，但我不認為工作應該是選點策略清單上的首要要素。

這就是大多遊牧工作族的用意。**身為遊牧工作族，你清楚工作很重要，但除了工作以外，你也會希望住在一個能讓你生活愉快滿意的環境，擺脫層層枷鎖，不該再由工時、生產力、身價扶搖直上等要素決定你人生的價值。**

另一方面，轉換至遊牧工作族生活或許也是一種完美時機，重新評估你希望工作在人生扮演的角色。對你而言，最重要的難道只有工作？除了工作，什麼對於你的個人幸福才是更重要的？

你可以建築一個以工作為主、同時又不只有工作的人生嗎？

　　你大可不必面臨二選一的難題。在一份皮尤（Pew Research）民調中，95％的青少年表示，長大後「擁有一份自己樂在其中的工作或事業」是一件「極度或非常重要的事」，重要程度甚至勝過幫助弱小族群或結婚。[2] 除了睡眠（如果你運氣好還有得睡），工作幾乎榨光絕大多成人的時間，所以要是實際一點，你當然會希望自己樂在工作。

　　可是，當你以遊牧工作族的身分跳脫職場，工作就像是後照鏡中的縮小畫面，這個時候不論是你的真實人生或選點策略，你就能為其他重要的人事物、價值、滿足來源騰出空間。

　　定居地點可能讓你的工作更上一層樓，或許你會採取更聰明的工作方式，收入也更豐沃，放大你的潛能，享受無關工作的喜悅，而你選對的城市也象徵你期許的人生樣貌。 正如作家惠特妮‧強森（Whitney Johnson）形容：「當我們有意識地抉擇自己的生活據點，決定要和哪些人事物為伍，就強而有力地提醒我們，我們想要以什麼方式成為什麼樣的人。」[3]

　　有些遊牧工作族就像艾咪‧布夏茲，他們渴望更親近戶外，有的則是希望多和土地親近，好比艾咪和詹姆斯‧赫伯登（以及他們養的雞）。

　　克莉絲汀‧施密特（Christine Schmidt）在華盛頓哥倫比亞特區的非營利組織工作讓她到哪都能工作，於是她善用疫情展開四海為家型的生活，就近與親朋好友相處，包括她那遠距離戀愛的男友，不僅身體上拉近彼此的距離，心靈也更親近。她說：「我覺得我真的好好利用了這次機會與心愛的人相處。現在回首 2020 年，我覺得這真的是我人生中最幸福的一年。我想比起

可以享受歷險的大城市生活，我這一年來開懷大笑的次數更頻繁。」她發現自己主要的地點價值不是大都市生活的歷險，而是和親朋好友相聚的時光。[4]

對保羅·里普（Paul Liepe）而言，他最重視的是歷史保存。在自家創業的他成為遊牧工作族，當他和妻子決定搬家，他們將低生活開銷、夏冬兩季氣候溫和、擁有大型超級市場等實用條件放在選點策略的首位，可是最後左右他們決定的卻是維吉尼亞州丹維爾（Danville）隨處可見、保存良好的歷史，以及當地居民對於歷史保存的重視。現在保羅是歷史社群團體的執行董事，他的生活重心就是拯救瀕危住家的熱血。[5]

在某次出差時，安德魯·菲利普斯（Andre Phillips）碰巧參觀萊克維爾釀酒廠（Lakeville Brewing Company），而在那之後他極力勸服他任職的科技公司，讓他從華盛頓哥倫比亞特區轉調至明尼蘇達州。他說：「至今我依然記憶猶新那個片刻，抵達釀酒廠時，我發現這個前所未見的可愛市中心地帶，有群孩子正在釀酒廠的後院嬉戲玩耍，還有一個男子正在演奏現場音樂，大家似乎氣氛快樂融洽。」他頓時產生一個念頭，也許他在那裡也能像他們一樣快樂。後來幸福快樂就成了他主要的選點價值，他完全不在乎老闆是否會開除他，說什麼都要搬到明尼蘇達州，找到屬於他的幸福。[6]

良好環境，讓你告別窮忙人生

相信一個地方可能讓我們擁有更滿足的生活，絕對不是好傻

好天真的想法。2020 年，蓋洛普民調（Gallup）蒐集 145 個國家人民的回答，觀測他們感受到正負面情緒的頻率，提出的問題諸如：你覺得昨天休息充足嗎？你是否受到尊重？你是否常常露出微笑或開懷大笑？你是否學到或進行有趣的事？你是否經常感到憂慮、憤怒、壓力、悲傷，抑或肢體疼痛？你是否享受生活？[7]

研究發現，**原來快樂也有地理學**。某些國家的居民似乎比其他國家的人快樂，或至少他們自己覺得快樂，而且打入排行榜的多半不是你想像得到的國家。巴拿馬以最高票當選，正面情緒體驗指標的滿分要是 100，巴拿馬獲得 85 分，緊接在後是薩爾瓦多、瓜地馬拉、巴拉圭、哥倫比亞、印尼、墨西哥、尼加拉瓜、中國、哥斯大黎加、丹麥、宏都拉斯，以上國家得分都高達 80 以上。

蕭洛普研究指出：「得分與人民對生活要求的標準、個人自由、社會網絡的觀點息息相關。」得分也可能反映出某些文化對於幸福的偏頗見解，有些是抱持及時行樂的想法，有的則是懂得忍氣吞聲，而某些社群似乎只是比較容易滿足。

與此同時，一份 2019 年的調查指出，有 55％的美國受訪者表示生活壓力龐大，比全球平均數值高出 20％，美國人的擔憂指數也超出平均數字。

難不成美國人本性如此？我們的文化養成偏差，讓人們內心飽受煎熬，而不是感覺快樂滿足？與其安心，我們是否偏好操心？作家凱蒂‧霍金斯－嘉爾（Katie Hawkins-Gaar）坦承她有「內化資本主義」，表明「工作幾乎就是解決我所有問題的方法。感覺焦慮嗎？我可以藉由工作分散注意力。要是開心呢？不正好是工作的完美時機嗎！難受想哭？顯然我還有很多工作

沒完成。」[8]

　　改成遠距工作、獨立個體戶、甚至彈性工作可望為工作狂導正方向，不再當一個被工作吞噬的朝九晚五族（不過坦白說，對大多人而言朝九晚五倒也不失是一種解脫）。某份伯明罕大學的研究發現，自主指數若是越高，我們就越滿意工作，身心也越健康。[9] 要是我們能操控人生的方向盤，內心就會更快樂。也許這也是為何這麼多傳統職員想要自訂工作時程，鼓譟要求彈性工時，即使是工作時間不尋常都好，譬如可以暫停工作兩個鐘頭，參加孩子的班級話劇表演，或是減少工作量、改成兼職、降低出差機率，每個月出差在外的時間縮短至不到四天，再來就是要求工作地點不受限制。

　　一份 2018 年的調查指出，96％的白領員工想要彈性的工作地點，這麼一來他們就更能夠照顧有時疏漏的小事（你也知道，像是照顧孩子和年邁父母、與醫師約診）。[10] 根據女性政策研究（Women's Policy Research）組織的說法，對女性而言彈性工作的效應更是尤其強大，[11] 倘若女性不必在職場成功和照顧家庭之間做抉擇，她們就更有機會打破性別天花板。（良好的托育服務和產假政策也幫上不少忙。）

　　實際上，39％千禧世代表示他們的工作量太大，沒空運動或好好吃頓飯，因此好奇工作彈性增加是否能讓他們更健康快樂，亦能提升工作效率，讓他們更想繼續待在公司，對於自己的工作也更滿意。[12] 將近四分之三的千禧世代和 66％的 X 世代甚至考慮要是工作不彈性，不如拍拍屁股走人。[13]

　　美中不足的是，當你可以隨心所欲、隨時隨地工作，工作有時會滲透入生活的每分每秒，意思就是說為了可以接孩子放學

回家，你可能得犧牲空閒時間，晚上 11 點鐘還躺在床上查看工作電子郵件。（根據某些研究，一半的人確實都是這樣。）[14] 當工作和家庭生活的傳統界線消失，不用再通勤進出辦公室，工作和家庭時間可能就不再有區別。

但是如果你的生活不再只有工作，你就比較不會被工作淹沒吞噬。良好環境甚至可以將你拖出庸庸碌碌的窮忙循環。

曾與耐吉、微軟、賓士等公司合作的自由接案設計師兼作家保羅・賈維斯（Paul Jarvis），目前和妻子居住加拿大某座小島的森林中央，而他在著作《一人公司》（*Company of One*）中，便描述搬到加拿大是他逃離窮忙的積極手段。他們的地點離群索居、網路連線不穩定，而諸如此類的因素每天都提醒他自己真正在乎或期望的是什麼：人、大自然、老天賞臉時拿出衝浪板乘風破浪一番。他不是一直都內心平靜、心甘情願愛戴鄉下生活，不過後來他理解到一件事：「很多時候，我們自以為想要過某種生活，但是這種生活和我們實際想要的生活相差十萬八千里。」[15]

或許你早就清楚自己想要什麼，只是覺得要等到成為遊牧工作族，才有空間實現自己的理想願景。我朋友海瑟是非營利組織的主任，她服務的組織在世界各地實施公共衛生計畫，而她大多數的工作都是在非洲進行，提供對抗愛滋病的意見與想法。自從大學畢業在和平工作團（Peace Corps）擔任義工起，她在海外生活的時間已累積十年之久。[16]

新冠疫情襲擊全球時，她轉調至猶他州與母親同住。長大後再返家讓她不禁做起定居家鄉的美夢。「這裡實在太美，」她心想，考量到現實面時還是制止自己了：「我在這裡能做什麼？猶他州有國際公共衛生的職缺嗎？」

　　當她的工作改採遠距模式，成為遊牧工作族，她想都不想就搬家了。由於老闆仍然按照東方時區工作，也因為她和非洲的同事全天候以電子郵件聯絡，她早上都非常早起，不過到了午後兩、三點，電子郵件數量減少後，她也可以毫不遲疑就溜出家門，下午來場雪地行走、騎單車、健行等活動。海瑟直言不諱解釋道：「我不是工作狂，從來就不是。」

　　即便如此，在華盛頓哥倫比亞特區工作時，辦公室生活讓她有種「屁股必須長時間黏在椅子上」的無形壓力，即使根本不需要到場才能完成工作，同事老闆也期望你無時不刻都在辦公室露臉，明顯彰顯出一個地方的集體企圖心。海瑟不常工作早退，可是工作地點遠離權力中心後，進行遠距工作的她就有自行安排工作的彈性自由，而她也改變了個人的時間管理，可以依據事情的輕重緩急處理事務。

　　工作固然重要，可是四十多歲首次上滑雪課也是。遠距員工每年多出 105 個鐘頭的閒暇時間，光是這一點，海瑟就沒有搬回華盛頓哥倫比亞特區的意思。

　　「如果你真正熱愛滑雪，為何非得等到屁股承受不起重摔，才肯搬到科羅拉多州？」傑森・福萊德（Jason Fried）和大衛・漢森（David Heinemeier Hansson）在兩人共同執筆的《遠距工作模式》（*Remote: Office Not Required*）中描述：「如果你熱愛衝浪，為何裹足不前，留在鋼筋水泥的都市叢林，不去緊鄰沙灘的地方展開新生活？……全新世代的奢侈品就是擺脫延遲生活樂趣的枷鎖，即使還在工作，現在就開始追求自己的熱血。為何要浪費時間做白日夢，想像總算辭職後的生活有多美好？」[17]

　　對的環境提醒我們自己是什麼樣的人，以及我們最愛的是

什麼。

發掘屬於你的療癒之地

我們選擇的地點，對於個人安康具有極深影響力，這種影響甚至會展現在身體上。

古人相信某些地方具有療癒功效，好比英國巴斯（Bath）的羅馬浴池，抑或希臘埃皮達魯斯（Epidaurus）的阿斯克勒庇俄聖所（Asklepieion），病痛纏身的希臘人都會前往該地接受治療，冀盼奇蹟出現。專門獻給希臘醫神阿斯克勒庇俄（Asklepios）的聖所共設有神廟、運動場、浴池，文獻記載阿斯克勒庇俄神廟共有 70 次神蹟降臨的紀錄。

現代研究雖然沒那麼神聖，卻也同樣展現出有益身心的功效。**依傍大海而居有助於撫平情緒，方便步行的街坊鄰里也可減壓，綠意盎然的空間能夠提振心情**。[18]

在一份研究中，患有心理疾病的澳洲墨爾本成人如數家珍，列出「有益身心的場所」有花園、書店、教堂、當地二手店（「在這裡血拼，讓我的腦內啡激增破表」），這些場所都讓他們心靈平靜，感受到喜悅、希望和連結。一名男人甚至發現待在墓園激發他內心不可思議的希望：「我有種活著真好的感覺。」[19]

其實，這一切無關神蹟，我們只是決定自己的環境對於自己和身心安康的意義。研究員解釋，「**有益身心的場所其實是人挖掘發現的，也是人為建構或栽培的空間。**」

有益身心的場所，讓莉亞・塔爾肯（Ria Talken）的世界改

變了。在她絕大多數的人生路上，莉亞飽受各種心理疾病纏身，包括第一型躁鬱症、注意力不足過動症、飲食失調，儘管接受治療、服用藥物，病情只有越來越加重的趨勢，最後病到身心癱瘓，完全無法繼續旅行業的工作。[20]

當她丈夫的事業開始搖搖欲墜，這對夫妻賣掉奧克蘭的兩房住家，分別打包了三箱行囊，搬到墨西哥聖米格爾德阿連德，在當地租了一棟房子。在莉亞的描述下，這座城市既溫暖明亮又朝氣蓬勃。

就連生活開銷也親切可愛。他們在聖米格爾德阿連德租下一棟 84 坪的房屋，每月租金只要 1,200 美元（包含水電瓦斯費、五個陽台、一名幫傭）。生活品質很高，他們沒有汽車，因為步行就到得了所有地方，包括雜貨店、國際室內音樂節（International Chamber Music Festival）。她聲稱在墨西哥的兩個月，她和格蘭交到的朋友比他們在美國的二十年還要多。

這種更簡單愜意的生活帶來一個意想不到的好處，那就是莉亞的心理疾病和脆弱情緒獲得療癒，她把功勞歸於全新環境，表示這裡和「處方藥一樣有療效」。

1979 年，以色列社會學家艾倫‧安東諾夫斯基（Aaron Antonovsky）發明了名詞「健康本源學」（salutogenesis），意指專注於促進安康，而不是根除疾病的保健方法。當你感覺到生活連貫一致，或是相信你的人生具有清晰易懂的架構，一切都可預測與理解，你也能夠管理生活，大多所處情境都在個人掌控下，你也擁有應付生活大小事的必要資源，人生具有意義或充滿趣味和良善美好，讓你也很在乎結果，這種時候健康就會自然上門了。[21]

安東諾夫斯基發現幾個層面可能影響我們在生活中是否感受到連貫性，包括一個人的周遭環境。對於莉亞而言，聖米格爾德阿連德的一切都比較合理，住在一座她覺得可以理解、管理、具有意義的小鎮，移除了在灣區時日常遭遇、引爆負面情緒和壓力的心理要素。莉亞的心理疾病仍然偶有高低起伏，但在這裡生活卻讓她感覺好多了，也比較快樂。「在這裡生活，我可以成為最好的自己。」莉亞說。[22]

居住地能展現你的價值觀

擬定到哪都能工作的選點策略同時，就等於決定自己重視的人生價值。你已在第 2 章做過練習，決定個人的選點價值，現在可以思考一下某個地點是否展現出你想要的價值。例如，假設你重視成功，就可以搬到一座充滿活力、提供數不清人脈的城市，或是搬到在你追逐成功時不會模糊焦點的 Zoom 鎮。

如果你的重點是大自然，可能會想搬到可以養雞、占地寬闊的農場，或是你過去二十年每逢冬季都必訪的滑雪小鎮。

如果你在乎的是家庭，可能會想回到家鄉，或是找一個 LCOL 小鎮，將生活開銷預算壓低一點，這樣就不用當工作狂，可以空出更多時間陪伴成長中的孩子。

問問自己：

- 我覺得人生中什麼是最重要的？
- 我想要過什麼樣的日子？

- 我喜歡什麼？
- 什麼能讓我感到完整而快樂？
- 什麼讓我覺得自己備受重視？
- 我覺得多少錢才夠花用？
- 我希望工作占人生的比重多少？想用多少時間追求其他事物？

釐清個人價值後，戴維姐・雷德勒（Davida Lederle）和夫婿柯特下了一個艱難決定，離開他們深愛並長居十年、家人所在的舊金山。[23]

舊金山的生活開銷越來越高，新冠疫情期間更是惡劣，讓戴維姐和柯特不禁思考是否要在房價飆到新高時組織家庭。這對夫婦是遊牧工作族，戴維姐經營 TheHealthyMaven.com 網站，柯特則是獨立軟體工程師，所以當房東在他們租屋期間出售房屋後，他們打包行李，頭也不回地開車前往柯特媽媽居住的明尼阿波利斯（Minneapolis）。

他們的原定計畫是短居停留，釐清人生下一步，可是在明尼阿波利斯時，「我感覺肩頭的重擔頓時消失無蹤，」戴維姐說。柯特的老友主動聯繫他，推薦他們在全市最愛的咖啡廳和最好的外賣餐廳。儘管疫情之故，他們無法和朋友相聚碰面，「我還是感覺到這裡的人是真的在乎你，在那一瞬間，我們突然冒出一種感覺，或許這裡就是我們應該居住的地方。」

這一次經驗讓戴維姐驚覺，原來她的選點價值是社群。在明尼阿波利斯待過幾週後，當地社群的凝聚力比她在加州生活十年都來得濃厚。加州人總是庸庸碌碌，和朋友約定計畫往往只是

說說，通常不會實現，總覺得朋友都在尋尋覓覓更好的機會。可是在明尼阿波利斯，「我們可以足足六個鐘頭賴在沙發上，只是和朋友喝酒、吃晚餐或看電影。」她之前從沒發現，原來自己渴望的是這種悠閒的社交生活。

明確一點來說，戴維妲認為是他們的價值觀變了。對於 20 歲後段和 30 歲前段的他們來說，舊金山是一個很完美的地點，因為他們也和其他舊金山居民一樣庸庸碌碌、野心勃勃。然而當她和柯特踏入全新的人生階段，兩人的重點卻變成家庭，這種時刻明尼阿波利斯顯然更符合他們的價值觀。戴維妲說：「這是我人生第一次搬家時內心感到如此平靜，也許我們之前太努力在不同地方好好過日子，所以現在這樣反而不費吹灰之力，這種感覺真的很好。」

你並不會因為搬到某個環境就自動出現改變，但是審慎思考、刻意選擇某個居住地，可能彰顯你想要的人生，展現出你的身分認同、價值、你想要的人生。

你的城鎮就像是一張選票，選擇一座城鎮，就等於投票表決你想成為什麼樣的人，而這座城鎮也會天天提醒你最初的抉擇。城鎮並不會大幅改變你，卻可以將你稍微推向你已走上的那條道路。

高品質的生活要素

　　根據一份奈特基金會（Knight Foundation）的研究，相較於為了其他理由搬家，選擇為了生活品質而搬到某地的人（以全國比例來看，約占了三分之一人口），與一個地點的連結更強烈。[24]

　　最吸引他們的當地生活品質是什麼？最首要也最重要的要素就屬安全、健康、就業、保障。當尋尋覓覓型和移居安定型可以在一個安全的地方生活工作、享受高品質健保、價格合理又穩固堅實的住房、當地就業機會，他們對於自己生活的社區就更加滿意。而次要的生活品質要素也很重要：

* 休閒育樂設施，好比公園、遊樂場、步道、海灘、湖泊
* 家庭設施，例如圖書館、動物園、社區中心、青年營、體育聯盟
* 從幼稚園一路到大學的優質學校
* 包括大眾運輸在內的便利交通
* 發展蓬勃的藝術與文化，例如劇院、博物館、手工藝品展、演唱會、課程
* 豐富的購物及用餐體驗、餐廳和俱樂部的娛樂消遣

選點策略課堂：快樂

　　當我們把幸福快樂、生活品質、人際關係、休息娛樂當作

首要選點條件，代表我們很清楚工作只是幸福人生的一個環節。
而大多遊牧工作族在尋覓地點時，多半將無關工作的價值置於首
要位置。要是你正在考慮應該住哪裡，以下提供你幾種方法：

1. **認識自己**：我們可能會因為懷抱遠大夢想而做出某些選
   點決策。就像是搬到阿拉斯加的艾咪·布夏茲，我們可
   能會尋找一個代表未來理想自我形象的城鎮（渾身散發
   藝術氣息、從容自信、樸實健康），而不是我們當下的
   真實樣貌。如果你願意像艾咪那樣搬到某地，並且下苦
   功變成你想在當地成為的那個人，當然也沒有問題，但
   是為了避免搬錯地方的悔恨，最好的戰術或許還是專注
   於目前的個人需求，而不是你未來想成為什麼樣的人。
2. **不要一心只想著賺錢**：環境可以助你一臂之力、推上成
   功之路，但你也應該重視無關工作的價值，好比多花點
   時間建立人際關係、體驗大自然，或是發展個人長才。
   你的人生大可不必只向錢看齊。
3. **把家人算進計畫裡**：鄰近家人會讓人比較不想再搬家。
   有的遊牧工作族很滿意在自己小時候成長、家人仍然居
   住的社區安居樂業，有的人則是認為搭乘短程飛機就能
   和親戚相聚是最圓滿的安排。你希望自己的父母和手足
   在你和孩子的生命裡扮演什麼樣的角色？他們是否長期
   定居某地？多花一點時間和他們相處，對你的家庭會造
   成什麼影響？在未來 5 年、10 年、20 年，你（和你的
   孩子）對於與家人相處會有什麼感覺？
4. **選擇一座「15 分鐘城市」**：2020 年，巴黎市長安妮·

伊達爾戈（Anne Hidalgo）宣布將巴黎改造成一座「15
分鐘城市」，所有市民只需從自家徒步走路、騎單車，
或是搭乘大眾運輸 15 分鐘，就能滿足所有的個人需求。
她的願景是打造一座「短距城市」，目的是減少碳排放、
將巴黎重新塑造成一座到處是花園綠地、自行車道、強
大社區的城市。你可以試著幫自己挑選一座 15 分鐘城
市（或鄰里街區），放慢生活步調。身為遊牧工作族，
光是不用天天通勤就讓你空出比別人多的時間，接著再
考量是否容易前往對你重要的地點，好比超級市場、圖
書館、托兒中心、醫師診所、或是你的教會。[25]

5. **做出能為你帶來喜悅的決定**：瑪麗·豪爾（Marie Howe）
   的某首詩就建議我們，若要做出搬家等重大決策，我們
   應該選擇「可以讓我們找到喜悅……更多活力，更少憂
   慮」的地方。[20]「更多活力、更少憂慮」似乎是不錯的
   地點決策口號。

地點個案研究：蒙大拿州大瀑布城
人口總數：58,835

家庭開銷中位數：201,000 美元

• **當地人的生活樂趣**：在環繞密蘇里河 64 公里的河畔單車
  道騎車、參加吉布森公園（Gibson Park）舉辦的演唱會、
  參與蒙大拿職業牛仔競技巡迴決賽（Montana Pro Rodeo

Circuit Finals），也千萬別錯過藝術博物館和盛大的農夫市集。

- **為何這裡的生活比紐約市好**：拋下紐約市公設辯護人的工作、來到大瀑布城生活的蜜莉·華倫（Millie Whalen）解釋，在這裡她的壓力指數降低不少。她在當地接手經營仙后座書店（Cassiopeia Books），書店藏書共 17,000 冊。[27]

- **為何搬來這裡**：蜜莉曾經來過幾次大瀑布城拜訪和平工作團的朋友。2019 年，其中一位朋友傳了一通簡訊給她：「妳喜歡的書店現在要出售了。仙后座是蜜莉搭機回家前瘋狂大掃平裝書的地點。雖然對於經營書店一竅不通，但是這機會美好到她無法視而不見。「我當時心裡真的是想，人生苦短嘛，」蜜莉說。於是 61 歲的她處理好財務，親自造訪勘查書店，接著便脫手她在布魯克林區的公寓，大膽嘗試當起書店老闆。

- **成為霍爾馬克溫馨勵志電影的主角**：當蜜莉把自己的計畫告訴身為商店老闆的弟弟時，他回道：「這真是我聽過最老套的事了。」

- **生活開銷**：大瀑布城的生活開銷估測比布魯克林區便宜 55％，由於便宜不少，蜜莉的理財顧問本來覺得她可以放手一搏、投資書店的瘋狂想法，後來演變成三年的開溜計畫。

- **支持商業發展**：「鎮上的人都致力保存獨立書店，」蜜莉說。儘管碰到新冠肺炎不得不關閉，後來又店面大改造，總算等到仙后座再度開門營業時，鎮民都迫不及待進店

消費。蜜莉購置書店前曾和大瀑布城商業發展處（Great Falls Business Development Authority）的人員碰面，對方熱心提供她各方面的支持，包括協助她擬定商業計畫的研討會和課程、設定經營目標、提高盈利、開設電商網站。即使在這之前她從沒開過店，當地提供的協助讓蜜莉自信滿滿，相信她的書店事業會成功。

- 為何大瀑布城讓人感覺怡然自得：環境優美，距離冰河國家公園和黃石國家公園僅有數小時之遙。城鎮規模不大、靜謐安寧，在在提醒蜜莉要記得呼吸。她說：「我可以看見密蘇里河，也看得見遠方的洛磯山脈，再說這裡真的平靜無事，聽不見警笛聲，夜裡抬起頭來就能仰望星空。」

第 13 章

你我都有機會成為
遊牧工作族

想要成為遊牧工作族，方法多得是：

- 你可以請現任老闆讓你改成遠距工作。
- 你可以在據點分散各地的公司找一份新工作。
- 你可以成為自由接案人。
- 你可以開一間網路公司或是走到哪帶到哪的事業。
- 你可以在喜歡的社區開業。
- 你可以選擇一個熱愛的地點，在當地找工作。
- 也可以直接退休，這樣就完全不用工作。
- 你可以請學術假期或空檔年，試試看遊牧工作是否適合自己。
- 你可以找一座吸引你的城市，在那裡嘗試長達幾個月的慢遊。
- 你可以決定自己想住哪裡，說走就走。

遊牧工作族往往心想：為何我非得等到 65 歲才能過自己想要的人生？或是認為：**總有比現居地更適合我的地方**。他們辭去工作，整理行囊、打包人生，揮揮衣袖不帶走一片雲彩。這就是蕾貝佳·威廉斯（Rebecca Williams）的做法，她辭去利物浦的大學工作，搬到她長年度假、猶如綠寶石閃閃發亮的愛爾蘭海岸。[1]

愛爾蘭擁有全歐洲最多的鄉村人口，約有 42％愛爾蘭人居住在離群索居的小社區，好幾百個社區的居民都不及 2,500 人。[2] 梅奧郡路易斯堡（Louisburgh, County Mayo）僅有 420 位居民、兩間咖啡廳、一個市場、屈指可數的酒吧，可是這座沿

岸小村莊卻美得令人屏息，衝浪客和單車手常常行經當地，而這就是蕾貝佳決定搬遷的地方，內心幾乎不敢相信她做出這麼反常的瘋狂舉動。[3]

她抵達路易斯堡時並沒有工作，後來在當地短暫從事的行政工作也不是她心目中的理想工作。有人建議她開車兩小時通勤到高威（Galway）找一份好工作，無奈身為單親媽媽的她需要照顧女兒，所以覺得這並非理想做法。

有天，辦公室經理問她：「妳有考慮過遠距工作嗎？」

蕾貝佳回道：「這種工作我做不來。」

她想像中的遠距工作者都是超級成功的銷售人員或軟體開發工程師，絕對不是擁有職業心理學碩士學位的女人做得來的工作。然後她聽說一個名為「遠距成長愛爾蘭（Grow Remote Ireland）」的團體，他們的路易斯堡分會將舉辦一場遠距工作的資訊交流會，最後蕾貝佳帶著一張僱用愛爾蘭各地員工的分散式公司名單離開會場，路易斯堡這種偏僻角落也包括在內。

名單上的公司包括極狐（GitLab）、社群媒體整合管理公司 Buffer、軟體公司 HubSpot、跨國電商公司 Shopify，以及 Automatic，也就是 WordPress 網頁設計公司的母公司。蕾貝佳從來沒有聽過這家公司，但是經過幾番調查研究，她聽從遠距成長愛爾蘭的指導，一而再再而三投遞履歷表，六個月不到她就成功獲得 Automatic 人力資源部門的工作。自那時起她就向同事演講，說明應該怎麼做才能搬到自己的度假地點生活。

這就是成為遊牧工作族的方法。

或是說其中一種，當然方法還有千百種。你也可能像率領遠距成長路易斯堡分部的倫敦人凱特‧史拉特（Kat Slater），在

她開設於書店樓上的共享工作空間舉辦遠距工作活動，並且邀請蕾貝佳參加。凱特以行為改變研究員的身分加入自由接案者的行列，藉此搬到愛爾蘭西岸，至於她那當科學家的另一半則在鄰近地點取得博士學位。[4]

又或者你可以像是自由接案的社群媒體經理蘿絲・巴瑞特（Rose Barrett），她的朋友崔西・凱歐（Tracy Keogh）對她說：「居然沒人照顧愛爾蘭的遠距工作者，不過我認為我們的鄉村社區潛力十足，所以一起來做點什麼吧。」[5] 她們聯手創辦遠距成長愛爾蘭，初衷是串連愛爾蘭鄉間的遠距工作者，打著「遠距工作本地化」的響亮口號，幫助更多鄉下的失業人口找到不受地域限制的工作。

如今勢力越擴越大的遠距成長團體會提供課程，協助鄉村地帶的居民做好準備，加入遠距工作的行列，並幫他們申請遠距工作，譬如猶他州的遠距線上方案（Remote Online Initiative），他們在全國亦有 70 間地方分會，角色類似遠距工作者的團體治療，另外也是一種人際交流的場合，讓飽受網速緩慢或管理幾百公里外的團隊等情況困擾的人齊聚一堂。

某些分會甚至展開本地的人才吸引活動。三分之一的愛爾蘭人口皆湧進四大都會區：都柏林、科克（Cork）、利默里克（Limerick）、高威，但是他們問了：既然你哪裡都能住，為何不住我們這裡？（又或是像蘿絲以可愛的愛爾蘭口音提出的問題：「小伙子，那我們這些人怎麼辦？」）小社群團體開始行銷廣告自我，說服潛在遠距員工重新思索人生選擇。

舉例說明，人口數量稍微跨過兩千門檻的丁格爾（Dingle）小鎮，就提供所謂的「小鎮滋味」活動。尋尋覓覓型受邀來場週

末小旅行，在當地的共享工作空間占據一張熱門空桌，接著又在當地酒吧碰面，喝杯小酒、吃吃零食。[6]

其他小地方也比照辦理。在居民人口數不及 700、面積 23 平方公里的小島瓦倫西亞（Valentia），最後兩個參加小鎮滋味活動的家庭搬到當地住了下來。

名為阿蘭摩爾（Arranmore）的小島與多尼戈爾（Donegal）的海岸遙遙相望，兩年前小島居民發現，要是他們不盡速刺激當地人口數字成長，島上學校就會永久關閉。他們迫切需要吸引新居民，再不然就是邀請原居民折返。在一座人口只有 469 人的小島上，最好的做法就是倡導推廣遠距工作。

於是，島上領袖和愛爾蘭三（Three Ireland）電信公司合作，不但為阿蘭摩爾供應高速網路，資助共享工作空間，另外也製作廣告。廣告畫面中，朵朵浪花拍打嶙峋岩石，島民講起他們對阿蘭摩爾的熱愛，並且渴盼再次聽見當地響起孩子的嬉戲笑語，另有一名居住當地的人，談及他在島上經營的教育遊戲公司。[7]

自從廣告在 2019 年春天躍上小螢幕，阿蘭摩爾的當地人口已增加一成，吸引將近 40 人定居抑或短暫待在小島，若非廣告這些人不可能來到阿蘭摩爾。某次造訪阿蘭摩爾時，遠距成長的創辦人崔西・凱歐和一名 20 歲出頭的本地年輕人聊起天，這名年輕人雖然希望留在小島，卻覺得自己可能別無選擇，非得離開小島前往倫敦尋找工作出路。於是崔西在她的人際網絡中撒下天羅地網，幾週不到他就獲得八場遠距工作的面試，最後可能得以繼續待在阿蘭摩爾。[8]

雖然遠距成長愛爾蘭背後的推動力是協助遠距員工不感到離群索居、孤單無依，蘿絲和崔西卻發現逐漸對社區成形的次要

好處。一般來說遊牧工作族的薪資平均高於愛爾蘭小村莊，因此小鎮的經濟逐漸出現起色，再者由於遠距員工財務穩定、有更多空閒時間，所以可以更用心經營自己的社區。

蘿絲承認，確實還有其他行得通、可望打造永續鄉村社群的方法，像是提倡企業精神或普及化基本薪資可能都有幫助，但是到哪都能進行的工作卻是一種更強大的層次。「我們希望人們有選擇權和彈性，可以自行決定居住地，同時也希望看見社群越來越茁壯。」而到哪都能工作就能實現這兩種期望。

在遠距成長愛爾蘭的建議下，愛爾蘭開始採用全國性的遠距工作策略（Remote Work Strategy），[9] 至於遠距成長的社群經理蘿絲，目前也能隨心所欲住在距離高威不遠的地方。

越來越多遊牧工作族不斷崛起，有時他們選擇待在自己原本的地方，有時就像 4 成以上決定不待在現居城市的美國人，突然有得選後也搬到新住所。[10] 這就是成為到哪都能工作族的美妙之處，有了選擇的自由後就搬到其他地方。你想要當四海為家型嗎？想要在不同地點走跳？或是一待就不走人的移居安定型？還是尋尋覓覓型？擬定選點策略後，鎖定自己尋找的條件，然後搬到一個價值觀與自己相符的社區？

選點前，九大值得思考的問題

無論你是用哪種方法成為遊牧工作族，不忘記工作和生活環境之間的關係才聰明。即使你不用天天進辦公室，肯定也希望職場成功、事業成長，擁有一路相挺的員工和老闆，並且感覺到

工作充滿意義，就算再辛苦都值得。有了聰明規劃，便可在居住環境尋找同樣益於職業、人際、目的性的特質。要是你到哪都能工作，只要選對地點工作表現就會更加分。

　　為了幫你在擬定選點策略時聰明地將地點價值納入考量，在此提供幾個值得思考的問題：

1. **認可**：這個環境是否提供遷居當地的刺激方案？本地是否有吸引遠距員工的召募活動？是否有歡迎你加入社群或協助你和當地人連結交流的計畫？聯絡當地經濟發展處或商會、尋求意見是否容易？這座小鎮是否表明希望你成為當地人？

2. **財富**：地理套利在這座全新城市是否對你有幫助？住房比你的現居地便宜嗎？其他開銷會增加或減少？你需要繳納多少稅務？是否有其他可能讓你財務更上一層樓的國家？搬家費用是否會影響後續財務？

3. **機會**：這座城市是否激起你更強烈的野心？抑或相反？讓你更專注經營個人的成長和成功？還是相反？有沒有鼓勵優秀構想的企業生態系統？你想像得到自己的好點子在這裡實現嗎？是否有你可以填補的市場空洞？是否有人可以從旁指導？有資金來源嗎？你可以想像本地社群扶持協助你嗎？小事業老闆或遠距員工可以在當地獲得哪些資源？

4. **連結**：城市裡有共享工作空間嗎？或是社群聚集場所？是否有你的同行，或是從事類似領域的人，可能在當地形成一個支持網絡？是否有人際社交網絡、創造職場人

脈的機會或場合，好比作家團體？如果你有興趣，當地
是否有共居空間？你是否有計畫在全新環境認識新朋
友？是否有加入社群的切入點，像是俱樂部或職業／嗜
好相關的團體？

5. **創意**：這個地方是否能激發你的創意？如果你從事創意
產業，你的作品在當地是否有市場？有同行社群？他們
的焦點是技能還是成功？是否有能夠支援你的導師或人
物？專門提供創意人士的住房？有沒有展覽作品的空
間？進行創作的場所？提供資源和支持的藝術委員會？

6. **冒險**：當地是否有好玩的事情可做？日常生活中你是否
有機會體驗新奇刺激的事物？搬到這裡的生活是舒適悠
閒，抑或充滿冒險精神？你可以想像自己運用工作彈性
的優勢享受生活，排遣沉悶無聊嗎？你是否曾考慮搬到
海外？你考慮居住的國家中，是否有提供遊牧簽證？

7. **學習**：該州或社群對每位學生投入的經費是多少？若你
需要轉換事業跑道，是否有增進或磨亮技能的資源？你
的孩子是否有實習或就業機會？本地學校是否傳授孩子
工作技能，協助他們進入職場？當地是否落實職業計
畫，讓你成為俱備技能的遠距工作者，或是找到一份遠
距工作？是否有優良的公立大學，孩子就讀大學的負擔
不至於太大？你的環境是否會有廣大的就業生態系統，
在你有需要時，不用開車太久就有事業發展的機會？你
是否願意住在你就學的大學城？

8. **目的性**：你在當地有造成影響力的做法嗎？這個地方需
要你嗎？涉入當地事務時你覺得自在嗎？你是否可以運

　　用個人的工作技能服務社區？你可以想像社區支援你目前或未來的哪些可能需求嗎？你能夠預想在這個社區建立什麼嗎？這個嶄新社區是否多元？你可以用哪些方式為當地注入多樣化？你要怎麼協助居住地更加公平？當地是否有你希望保存或投資的事物？你可能在這裡致富嗎？其他人可能嗎？

9. **幸福**：這個地方怎麼讓你活出美好人生？你是否能清醒理智地看待工作？要是在這裡生活，你能認識哪一方面的自我？發現自己想成為什麼樣的人？這個地方是否能讓你正面發揮選點價值？你要怎麼在這裡找到喜悅、建立正確觀點？你是否能在當地好好休養？享受正面體驗？你和家人距離多近？公共設施是否唾手可得？當地是否俱備有益身心健康的療癒場所，進而改善你個人的健康？這個環境是否讓你覺得應付得來？你能否在這裡從事最讓你開心的活動？

十乘十表格，幫你選出滿意的環境

　　現在，你應該更清楚自己在一個地方和人生中追尋的是什麼。你已經分析過自己重視的價值並轉譯成選點策略，接著把讓你情緒激動的頓悟轉化成實際可行的決策，有條不紊地整理你的發現，建議這裡使用十乘十的表格，在紙上或線上製作一份小型試算表，抑或從 melodywarnick.com 下載表格。

　　在表格最上方，列出你的十大必備條件，也就是你不能沒

有的地點特質。非大城市不住！鄰近機場！具有企業精神的社群！數不清的泰國美食！如果很難只挑出十個條件，以下給你一個提示：請問你想到生活中不缺哪些條件時，內心就感到自在、平靜、滿足？反過來說，哪些條件是你一想到身邊沒有就幾近瀕臨崩潰？

　　接下來，在試算表的縱軸加入十個候選地點，也就是你感到好奇的城市、個人喜歡的小鎮，或是你聽說過、覺得自己可能喜歡的城鎮。如果你早就把範圍縮小至只有幾個候選城鎮，這樣很好，但如果你是從零開始，請至少縮小至十個地點。

　　確定所有你正在考量的城鎮符合你的關鍵要求。先從 Google 搜尋開始，同時查看臉書社團和 City-Data.com 網站，刪除任何不符合條件的城市。如果都沒有，可以進一步加入幾個你在乎的特質。反覆進行這個過程，直到清單縮小至只有四、五座你真正感興趣的城市。

　　接下來，就是親自參觀當地了。至少去一次，也可以多去幾次。如果你是想要找到永久家園的尋尋覓覓型就更不能偷懶，一定要親自拜訪一趟，感受當地環境。不要只以觀光客的身分，還要以居民的心情探索生活地區，試乘大眾運輸工具，視察了解各種問題（交通、花費），也要看看是否有讓你生活開心的可能性（譬如：時髦市中心有一間超讚酒吧）。

　　必須和伴侶達成共識時，可能會讓選擇地點的過程加倍困難。坦白說選點決策很殘酷，發現伴侶和自己想要的居住地南轅北轍時，可能對一段感情是一大試煉：我們想要的東西這麼不相同，怎麼可能在一起？

　　無論你們過去是用什麼方法在重要議題上取得共識，在這

裡可能也幫得上忙，包括感情治療。一開始先表達你堅信理想的
地點可能和伴侶相左，目標是互相理解，接著可以考慮妥協，化
解決策僵局。

　　策略之一就是製作幾份十乘十試算表，在清單上寫滿必備
條件和十座城市。你可能會發現兩人的期待天壤之別，但你們卻
可能對類似的地點感興趣。（譬如你很期待在波德成立公司，你
的伴侶則是對於在當地健行爬山很興奮。）

　　要是情況膠著，可以往後退一步，在十張索引卡上各別列
出一項不可或缺的條件，例如在某張卡片寫上「好學校」，另一
張則是「距離機場 40 分鐘內」，然後在其他卡片列下你絕對不
想要的條件，接著依照重要性排列在桌上，看看兩人列出的條件
是否有重疊。對方列出的條件是否有你贊成的？你們能否得出一
疊或多或少反映出彼此價值的卡片？是否可以通融對方一、兩張
反對票？

　　如果情況真的不樂觀，或許可以同意在不同城市分開生活，
每隔幾週取地理中央位置碰面，抑或像是幫寶寶取名，兩人輪流
決定：未來三年你的伴侶可以選擇他最喜歡的城市，接下來三年
輪到你決定。

　　理想來說情況並不會走到這一步，你們通常還是可以找到
一個彼此都滿意的環境。

犯錯在所難免，行動總比不行動好

　　完美選擇其實根本不存在，熱騰騰躋身遊牧工作族的你握

有決定地理位置的權力，這種興奮感受可能讓你飄飄然，忍不住大喊：太酷了，我可以決定到世界任何角落生活耶！你或許會像到哪都能工作的計畫撰寫人瑪格麗特・范德格里夫（Margaret Vandergriff），興奮到沖昏頭，不小心做出衝動決定……[11]

　　一開始，瑪格麗特揮別奧斯汀的生活，來到德州拉伯克（Lubbock）附近、風滾草俯拾即是的小鎮生活（她說：「真的沒有言語可以形容那裡有多可怕。」），接著在某趟 66 號公路的公路之旅，她和她的自由作家丈夫萊恩愛上了愛荷華州鄉村，一個風貌與德州西部天壤之別，讓他們忍不住為之著迷的地方。一個想法油然而生：我們為何不搬來這裡？瑪格麗特承認：「現在再回過頭來看，我真的覺得這個決定荒謬至極，但與此同時，我們已經深深愛上當地，被住在中西部小鎮的浪漫想法沖昏頭，已經看不清楚方向。」

　　瑪格麗特和萊恩這棟穿堂風颯颯的老農舍房貸是不貴，但後來他們才發現水電瓦斯費、房地產稅、汽車登記費用並不低。更慘的是，他們鄰居帶著餅乾上前打招呼的短暫蜜月期結束後，他們發現自己很難在當地交到朋友，似乎沒人歡迎他們來到這種小鎮，也許當地人只把他們當作這棟老房子裡的陌生面孔，跟其他數不清的陌生人一樣，只是想像自己可以在愛荷華州小鎮改變命運才搬來這裡。

　　現在回想，瑪格麗特承認他們是因為自己可以隨心所欲搬家而被沖昏頭，卻沒有周全考慮，也沒有認真思考自己是否真的應該搬到某處。他們心想可以先買房子，其他的之後再慢慢考慮，瑪格麗特和萊恩沉浸在這個決定的喜悅之中，完全疏忽了應該先做足功課一事。

　　自此之後，瑪格麗特就大力推薦擬定選點策略。她和萊恩促膝長談，找出對他們最重要的要素，以及到哪都能工作的他們成為空巢族的生活將是如何。讓他們覺得快樂的要素為何？他們最需要或想要的是什麼？夫妻倆先是釐清選點價值，檢視反思連續兩座保守小鎮的不快經驗，然後決定了幾個首要條件。

　　個人偏好的試算表雛形逐漸浮現，他們的結論是希望在傾向自由派的小城市生活，而且有他們決定必備的條件：農夫市集、毛線專賣店、藝廊、電影院。身為素食者，他們想要有更好的餐廳選擇。瑪格麗特也希望更鄰近她高齡 87 歲、在舊金山承租租金管制公寓的母親。一般來說，她深受海洋和童年成長的西部吸引。

　　對他們而言，縮小候選城市範圍的兩大限制條件是（Ａ）想要待在大麻合法化的州，以及（Ｂ）想要住在沒有龍捲風的地方。（萊恩之前曾經遭遇龍捲風，差點掉了小命，不希望再重蹈覆轍。）最後他們只有兩州可選：奧勒岡州和華盛頓州。

　　儘管他們在網路上研究搜尋，做足功課，瑪格麗特和萊恩還是不打算把人生交給命運決定。這一次他們買了機票，飛到清單中第一名的奧勒岡州尤金（Eugene），在當地找陌生人攀談，到處開車探索，到了旅程最後，瑪格麗特心底已有答案。她說：「這種感覺就像是命中注定，實在太神奇了。」尤金就是他們下一座落腳的城鎮。

　　令人錯愕的是，他們至今尚未搬到當地，因為下決定不久後新冠肺炎襲擊，有一些關於家人的事他們不得不先解決。可是瑪格麗特很清楚尤金還在那裡等著他們，這座城鎮不是他們過度理想化、天馬行空的猜測，而是認真研究數據資料和親訪之後決

定的城鎮，也是他們運用選點策略找到的城鎮。

　　尋找真正適合自己的地點，劇烈改變了他們的人生。2020年，瑪格麗特展開名為「地點搜尋客」（Your Place Finder）的服務，協助其他遊牧工作族找到最適合自己的城鎮。她會要求客戶深入思考，設定居住地點的首要條件，接著瑪格麗特再交給他們一份含有潛在地點的清單，角色很類似幫他們配對地理位置的紅娘。

　　奇怪的是，她的客戶並非每每都贊成應該前往他們想去的地點，他們會告訴她，他們之後是想在田納西州落腳，但目前來說，不如來考慮印第安納州吧。當他們被全新選擇傷透心後，就會直接回到原本他們自稱討厭的地方。

　　也許很多人相信宿命論，又或許像是瑪格麗特，只是害怕期望落空或傷心。**我們害怕鑄下大錯，想要將夢想地點留到最後，把這當作在較不喜歡的鹽礦待了夠久之後的獎賞。**

　　瑪格麗特試著溫柔引導客戶回心轉意，一開始就選擇他們最想去的地點。「譬如我會說，如果你最終想去這個地方，何不把它放在最優先的位置，先去那裡？我們把焦點鎖定這個地方就好。」

　　如果你需要他人點頭，才敢放膽前往你期待的地方生活，就算這個地方並未完全符合你設定的選點策略條件，就當作它已經過關了吧。我希望，你以邏輯頭腦和雪亮雙眼決定自己的選擇，也希望你享受設計決定人生的過程。

　　你可以慢慢來，但到頭來總是得前進。正如同勵志作家艾克哈特・托勒（Eckhart Tolle）所說：「**行動總比不行動好，尤其要是你一直裹足不前，走不出難過的處境，更應該採取行**

動。即便犯錯，至少你學到東西，而要是有學到東西，就不算
犯錯了。」[12]

跨步向前，到處都有優秀城鎮

好消息是到處都有優秀城鎮，像是猶如失散多年的靈魂伴侶的地方、符合你當下需求的地方、需要你的地方，而這些城鎮很可能就是你未來的目的地。

尋尋覓覓型也有圓滿結局。搬到田納西州克拉克斯維爾的艾咪和詹姆斯‧赫伯登深愛他們的居住地。[13]

他們走過了未知、無從決定的時刻、計畫變更、各種懷疑不確定、新冠疫情，經過幾番爭執衝突才總算找到自己的安身地。艾咪在擬定選點策略時採用的做法幫上大忙，像是加入她個人嗜好興趣的臉書團體（樸門農業、魚菜共生、後院養雞），而這證實了她考慮的地點有跟她志趣相投的人。然而，有些做法卻毫無助益，譬如查看「最適合新創公司的州」的清單體或各州排名，她指出一個重點，那就是同州不同城鎮之間的差異，可能甚至比州與州之間來得大。

但到頭來，他們還是咬緊牙關扣下扳機，在克拉克斯維爾買下新家，在當地安居樂業，現在也如願養雞了。生活是不完美，但說到底還是自己家。

致謝辭

感謝所有我在全美大城小鎮相遇、熱愛土地的人們，你們不僅鞏固我對人性的信念，更是激勵我寫出這本書。為此，我想要謝謝以下各方人士：印第安納州方廷郡（Fountain County）、密西根州巴特爾克里克（Battle Creek）、北卡羅萊納州阿拉曼斯郡（Alamance County）及格林斯伯勒、北達科他州法戈（Fargo）、奧克拉荷馬州塔勒闊（Tahlequah）、南達科他州布魯金斯（Brookins）和弗米利恩（Vermillion）、賓州布萊爾郡（Blair County）、維吉尼亞州的丹維爾、林奇堡（Lynchburg）、羅阿諾克（Roanoke）、俄亥俄州的克里夫蘭、克勞福郡、馬里昂（Marion）、揚斯敦（Youngstown）。感謝你們邀請我前去你們可愛的據點。

我想要感謝我的經紀人麗莎‧可洛布卡（Lisa Grubka）百發百中的判斷力和堅定不移的支持，有她當我的堅強後盾是我的福氣。謝謝我的編輯安娜‧米歇爾斯（Anna Michels）的熱忱和細心周到的編輯。我也要感謝布里姬‧麥卡錫（Bridget McCarthy）的銳利雙眼。

為了這本書慷慨熱心和我分享個人經驗和想法的朋友多到數不清，不過在此我想要特別感謝珍妮‧艾倫、梅蘭妮‧艾倫、

格雷・安德森（Gray Anderson）、馬可斯・安德森（Marcus Andersson）、潔西卡・亞勞斯（Jessica Araus）、克莉絲汀・亞斯、莎拉・亞維拉姆、海瑟・沃桑姆（Heather Awsumb）、蘿絲・巴瑞特、布魯克・畢齊托（Brooke Bechtold）、貝絲・布朗（Beth Brown）、哈登・布朗（Haden Brown）、艾咪・布夏茲、雷妮・卡麥隆、梅根・卡米克（Megan Carmichael）、提姆・卡地、蜜雪兒・克里斯滕森（Michelle Christensen）、雪芮兒・克拉克（Cheryl Clark）、伊莉莎白・柯林斯（Elizabeth Collins）、麗莎・柯米恩戈爾、麥坎希・科托斯、茱莉安・考區、喬丹・迪格瑞、黛博拉・戴亞蒙、維諾娜・狄米歐—艾迪格、漢娜・狄克森、黛博・多賓斯、蘇珊・朵西爾（Susan Dosier）、傑森・達夫、瑞秋・雷・戴兒（Rachel Rae Dyer）、麥特・戴克斯特拉、艾瑪・伊諾許、蘿拉・法芮爾、約翰・佛伯格、芮妮・納瓦羅・福斯、凱薩琳・弗雷西里、麥可・根特（Michael Gent）、魯迪・葛洛克、瑞克・葛拉罕、柯琳・格羅斯（Colleen Gross）、南蒂塔・谷普他、艾咪・赫伯登、麥特・赫伯登、梅根・赫伯登（Megan Hebdon）、潔西卡・海爾、艾莉莎・赫斯勒、唐納・希區考克、拉芮・霍德森（Lara Hodson）、托麥妲・哈達尼許（Thomaida Hudanish）、依斯特・因曼、布里塔・貞森（Britta Jensen）、莎拉・克納、莫莉・諾斯（Molly Knuth）、珍・柯伊特（Jenn Koiter）、安娜・奎肯達爾、喬・奎肯達爾、戴維妲・雷德勒、提姆・列佛、保羅・里普、凱蒂・林肯、賈斯丁・李登、莉亞・羅芙、亞曼達・瑪可（Amanda Marko）、蒂芬妮・葉慈・馬丁、達茜・莫斯比、泰瑞莎・麥卡

納尼、萊恩・密特、雅蕾莎・莫德諾、傑瑞・諾里斯、亞莉安娜・歐德爾、麗娜・派特爾、珊德拉・培尼亞、蘇珊娜・柏金斯、安德魯・菲利普斯、馬可・皮拉斯、麥可・蘭西、諾瑪・藍提西、蘿拉・拉薩維、戴夫・里普、鮑伯・羅斯、珍妮・桑伯格、塔娜・施威爾（Tana Schiewer）、克莉絲汀・施密特、凱特・施瓦茲勒、瑪麗亞・瑟爾丁、奇普・瑟弗蘭斯、佩琦・瑟弗蘭斯、克里斯・辛普勒、珍娜・辛普勒、凱特・史拉特、亞曼達・史塔斯、芭芭拉・史塔普雷頓、史蒂芬妮・斯托里、瑪姬・史特隆（Maggie Strong）、莉亞・塔爾肯、葛蕾絲・泰勒、喬安娜・塞斯（Joanna Theiss）、梅爾・托格森（Mel Torgusen）、克莉絲汀・多娃（Kristin Tovar）、雪倫・蔣、克麗絲丁・泰（Kristen Tye）、瑪格麗特・范德格里夫、丹尼・凡庫茲、凱文・凡庫茲、艾蘭・華森、蜜莉・華倫、蕾貝佳・威廉斯、班・溫徹斯特、保羅・揚度拉。

　　謝謝我黑堡的朋友，包括書蟲俱樂部的夥伴，以及新冠肺炎期間舉辦趣味猜謎遊戲之夜的團隊，謝謝你們讓我熬過在疫情期間創作這本書的辛苦，謝謝你們。

　　我還要感謝我的家人：艾拉和露比，就算寫在這裡妳們看不到，我還是想告訴妳們我會永遠愛妳們。昆恩，你我皆知致謝辭的榮耀之光全該打在你身上。你至今依舊、未來也永遠是我的最愛。

參考文獻

第 1 章

1. Amy Hebdon, in conversation with the author, December 2020.
2. Ryan Mita, in conversation with the author, November 2020.
3. Grace Taylor, in conversation with the author, November 2020.
4. "Freelance Forward 2020: The U.S. IndependentWorkforce Report," Upwork, September 2020, https://www.upwork.com/i/freelance-forward.
5. Jessica Araus, in conversation with the author, January 2021.
6. Ria Talken, in conversation with the author, February 2021.
7. Anne Helen Petersen, Can't Even: How Millennials Became the Burnout Generation (New York: Mariner, 2020), xix.
8. Jason Fried and David Heinemeier Hansson, Remote: Office Not Required (New York: Crown Business, 2013), 31, 40.
9. Kate Lister, "Telecommuting Statistics," Global Workplace Analytics, updated June 22, 2021, https://globalworkplaceanalytics.com/telecommuting-statistics.
10. Niraj Chokshi, "Out of the Office: More People AreWorking Remotely, Survey Finds," New York Times, February 15, 2017, https://www.nytimes.com/2017/02/15/us/remote-workers-work-from-home.html.
11. "The Modern Workplace: People, Places, and Technology," Condeco Software, 2019, http://www.condecosoftware.com/resources-hub/wp-content/uploads/sites/8/2019/05/Condeco-workplace-report-2019-Digital-Copy.pdf.
12. Nikil Saval, Cubed: A Secret History of the Workplace (New York: Doubleday, 2014), 288.

13. Charles Arthur, "Yahoo Chief Bans Working from Home," Guardian, February 25, 2013, https://www.theguardian.com/technology/2013/feb/25/yahoo-chief-bans-working-home.

14. Shilpa Ahuja, "The Pros and Cons of Remote Work," Robert Half Talent Solutions, June 11, 2018, https://www.roberthalf.com/blog/the-future-of-work/the-pros-and-cons-of-telecommuting.

15. Carl Benedikt Frey et al., "Technology at Work v5.0: A New World of Remote Work," Citi GPS: Global Perspectives & Solutions series,June 2020, https://www.oxfordmartin.ox.ac.uk/downloads/reports/CitiGPS_TechnologyatWork_5_220620.pdf.

16. "RV Shipments Up 54% in July," RV Industry Association, July 2020, https://www.rvia.org/news-insights/rv-shipments-54-july.

17. Joan Verdon, "Work-From-Anywhere Isn't Going Away: 5 Ways the Hospitality Sector Is Monetizing the Trend," U.S. Chamber of Commerce, June 29, 2021, https://www.uschamber.com/co/good-company/launch-pad/hospitality-industry-work-from-anywhere-trend.

18. Will Storey and Lilian Manansala, "One in Every 10 Americans Moved during the Pandemic," Business Insider, August 10, 2021, https://www.businessinsider.com/where-americans-moved-covid-pandemic-2021–8.

19. Crissinda Ponder, "Nearly Half of Americans Are Considering a Move to Reduce Living Expenses," Lending Tree, November 17, 2020, https://www.lendingtree.com/home/mortgage/nearly-half-of-americans-are-considering-a-move-to-reduce-living-expenses/.

20. Diana Olick, "These Are the Five Hottest—andThreeColdest—Marketsfor Home Prices in 2021," CNBC, January 21, 2021, https://www.cnbc.com/2021/01/21/best-real-estate-markets-2021.html.

21. "The Bay Area Exodus: Remote Workers Can Live Anywhere. Will They Stay Here?," Zapier, May 26, 2020, https://zapier.com/blog/bay-area-remote-work-report/.

22. "How Airbnb and Travelers are Redefining Travel in 2021," Airbnb, October 15, 2020, https://news.airbnb.com/2021-travel-trends/.

23. "State of Remote Work," Buffer, 2019, https://buffer.com/state-of-remote-work-2019.

24. Mary Baker, "Gartner Survey Reveals 82% of Company LeadersPlan

to Allow Employees to Work Remotely Some of the Time," Gartner, July 14, 2020, https://www.gartner.com/en/newsroom/press-releases/2020-07-14-gartner-survey-reveals-82-percent-of-company-leaders-plan-to-allow-employees-to-work-remotely-some-of-the-time.

25. Brent Hyder, "Creating a Best Workplace from Anywhere, for Everyone," Salesforce, February 9, 2021, https://www.salesforce.com/news/stories/creating-a-best-workplace-from-anywhere/.

26. Eshe Nelson, "The City of London Plans to Convert Empty Offices into Homes," New York Times, April 27, 2021, https://www.nytimes.com/2021/04/27/business/city-of-london-apartments.html.

27. Peter Eavis and Matthew Haag, "After Pandemic, Shrinking Needfor Office Space Could Crush Landlords," New York Times, April 8, 2021, https://www.nytimes.com/2021/04/08/business/economy/office-buildings-remote-work.html.

28. Laurel Farrer, in conversation with the author, February 2021.

29. "Freelancing in America 2017," Upwork, 2017, https://www.upwork.com/i/freelancing-in-america/2017/.

30. Amy Adkins, "Millennials: The Job-Hopping Generation," Gallup, accessed October 4, 2021, https://www.gallup.com/workplace/231587/millennials-job-hopping-generation.aspx.

31. Janee Allen, in conversation with the author, March 2019.

32. Katie Lincoln, in conversation with the author, January 2021.

33. Kevin and Dani VanKookz, in conversation with the author, August 2020.

34. Darcy Maulsby, in conversation with the author, November 2020.

35. Crystal Atkinson, "Currently in HCOL," Facebook, January 5, 2021. https://www.facebook.com/groups/womenspersonalfinance/permalink/2812840589004138

36. Melody Warnick, This Is Where You Belong (New York: Viking, 2016).

37. Gregory Scruggs, "There Are 10,000 Cities on Planet Earth. Half Didn't Exist 40 Years Ago," Next City, February 12, 2020, https://nextcity.org/daily/entry/there-are-10000-cities-on-planet-earth-half-didnt-exist-40-years-ago

第 2 章

1. Lisa Comingore, in conversation with the author, February 2021.

2. Barry Schwartz, The Paradox of Choice: Why More Is Less (New York: Ecco, 2004), 99–220.

3. Patrick J. McGinnis, "Meet FOBO: The Evil Brother of FOMO That Can Ruin Your Life," PatrickMcginnis.com (blog), accessed October 30, 2021, https://patrickmcginnis.com/blog/meet-fobo-the-evil-brother-of-fomo-that-can-ruin-your-life/. Read more in Patrick McGinnis, Fear of Missing Out: Practical Decision-Making in a World of Overwhelming Choice (Naperville, IL: Sourcebooks, 2020).

4. Leah Love, in conversation with the author, January 2021.

5. Hebdon, conversation.

6. Daniel Brancusi, "Starbucks Location Analysis," NY Data Science Academy, August 23, 2020, https://nycdatascience.com/blog/student-works/starbucks-location-analysis/; Dhrumil Patel, "Site Planning Using Location Data," Medium, October 17, 2019, https://medium.com/locale-ai/site-planning-using-location-data-ae7814973521; Rong Dai, "Starbucks Site Selection Analysis Based on GIS Method," Barry Waite (blog), accessed October 4, 2021, http://www.barrywaite.org/gis/projects/fall-2015/Rong%20Dai.pdf.

7. Spencer Rascoff and Stan Humphries, Zillow Talk: Rewriting the Rules of Real Estate (New York: Grand Central, 2015), 49–56.

8. Jake Rossen, "Living Near a Trader Joe's Can Increase the Value of Your Home—Here's Why," Mental Floss, July 28, 2020, https://www.mentalfloss.com/article/626950/living-near-trader-joes-can-increase-home-value.

9. Jon Harris, "Here's What Trader Joe's Is Looking for in a New Location, and Why It's Not (Yet) in the Lehigh Valley," Morning Call, August 28, 2019, https://www.mcall.com/business/mc-biz-why-trader-joes-hasnt-opened-lehigh-valley-store-20190828-7icd2wpj25ezblyaci6ocoxsy4-story.html.

10. Jackie Gutierrez-Jones, "All the Right Moves: 5 Key Insights Into the Present and Future of Millennial Talent Attraction," Livability, accessed October 4, 2021, https://livability.com/wp-content/

uploads/2019/01/Livability-Millennial-Trend-Report.pdf.

11. Na Zhao, "Nation's Stock of Second Homes," NAHB Eye on Housing, October 16, 2020, https://eyeonhousing.org/2020/10/nations-stock-of-second-homes-2/.

12. Anne Bogel, Don't Overthink It (Ada, MI: Baker, 2020), 52–53.

第 3 章

1. Brian Feldman, "The Job Capital of America," BNet.com, February 26, 2021, https://bnet.substack.com/p/the-job-capital-of-america.

2. Daniel H. Pink, Free Agent Nation: The Future of Working for Yourself (New York: Grand Central, 2001), 261.

3. Stephanie Storey, in conversation with the author, January 2021.

4. "Future Workforce Pulse Report," Upwork, December 2020, https://wf-info.upwork.com/i/future-workforce/fw/2020.

5. Alexander M. Bell et al., "Who Becomes an Inventor in America? The Importance of Exposure to Innovation," Quarterly Journal of Economics 134, no. 2 (May 2019): 647–713, https://doi.org/10.1093/qje/qjy028.

6. Raj Chetty et al., "Where is the Land of Opportunity: The Geography of Intergenerational Mobility in the United States," Quarterly Journal of Economics 129, no. 4 (November 2014): 1553–623, https://doi.org/10.1093/qje/qju022.

7. For instance, see Ann Owens, "Income Segregation between School Districts and Inequality in Students' Achievement," Sociology of Education 91, no. 1 (2018): 1–27, https://doi.org/10.1177/0038040717741180.

8. Bell et al., "Who Becomes an Inventor?."

9. Robin Pogrebin and Scott Reyburn, "Leonardo da Vinci Painting Sells for $450.3 Million, Shattering Auction Highs," New York Times, November 15, 2017, https://www.nytimes.com/2017/11/15/arts/design/leonardo-da-vinci-salvator-mundi-christies-auction.html.

10. Paul Graham, "Cities and Ambition," Paul Graham (blog), May 2008, http://www.paulgraham.com/cities.html.

11. Lori Goler, Janelle Gale, Brynn Harrington, and Adam Grant,

"The 3 Things Employees Really Want: Carecr, Community, Cause," Harvard Business Review, February 20, 2018, https://hbr. org/2018/02/people-want-3-things-from-work-but-most-companies-are-built-around-only-one.

12. Jim Harter, "Historic Drop in Employee Engagement Follows Record Rise," Gallup, July 2, 2020, https://www.gallup.com/ workplace/313313/historic-drop-employee-engagement-follows-record-rise.aspx.

13. Goler, Gale, Harrington, and Grant, "The 3 Things Employees Really Want."

14. Amy Adkins, "Millennials: The Job-Hopping Generation," Gallup, accessed October 4, 2021, https://www.gallup.com/ workplace/231587/millennials-job-hopping-generation.aspx.

15. Brett and Kate McKay, "Craft the Life You Want: Setting Up Shop, or the Importance of Where You Live," Art of Manliness, February 15, 2011, https://www.artofmanliness.com/character/advice/craft-the-life-you-want-setting-up-shop-or-the-importance-of-where-you-live/.

第 4 章

1. Mackenzie Cottles, in conversation with the author, January 2021.

2. Austin Carr, "Inside Wisconsin's Disastrous $4.5 Billion Deal With Foxconn," Bloomberg Businessweek, February 6, 2019, https:// www.bloomberg.com/news/features/2019-02-06/inside-wisconsin-s-disastrous-4–5-billion-deal-with-foxconn.

3. Derek Thompson, "Amazon's HQ2 Spectacle Isn't Just Shameful— It Should Be Illegal," Atlantic, November 16, 2018, https://www. theatlantic.com/ideas/archive/2018/11/amazons-hq2-spectacle-should-be-illegal/575539/.

4. Dustin McKissen, "Guest Post: St. Louis Tried to Give Amazon More than $7B," Silicon Prairie News, May 9, 2018, https:// siliconprairienews.com/2018/05/guest-post-everything-about-the-way-the-st-louis-region-recruited-and-responded-to-amazon-has-been-a-mistake/.

5. "Amazon Selects New York City and Northern Virginia for New Headquarters," Amazon, November 13, 2018, https://www.aboutamazon.com/news/company-news/amazon-selects-new-york-city-and-northern-virginia-for-new-headquarters.

6. Sarah Kerner, in conversation with the author, February 2021.

7. ulsa Remote, https://tulsaremote.com/. See also Carel-Lee Bernard, "We Got Paid $10,000 to Move to a Flyover State for a Year," Thrillist, February 3, 2021, https://www.thrillist.com/travel/nation/tulsa-remote-program-what-to-know.

8. Dale Denwalt, "Tulsa Remote Luring Out-of-State Workers with Cash to Buy a Home," Oklahoman, February 24, 2021, https://www.oklahoman.com/story/business/columns/2021/02/24/tulsa-remote-luring-out-of-state-workers-with-cash-to-buy-a-home/332990007/.

9. "Shoals Economic Development Authority Offers Remote Workers $10,000 to Relocate to Northwest Alabama," Shoals Economic Development Authority, June 4, 2019, https://www.seda-shoals.com/blog/shoals-economic-development-authority-offers-remote-workers-10–000-to-relocate-to-northwest-alabama.

10. Cottles, conversation.

11. "Talent Incentive," Finding NWA, accessed October 4, 2021, https://findingnwa.com/incentive/.

12. Choose Topeka, accessed October 4, 2021, https://choosetopeka.com/apply/.

13. Tiffany Pennamon, "Foundation Offers Recent Graduates $5,000 to Move to Ohio City," Diverse Issues in Higher Education, March 1, 2018, https://www.diverseeducation.com/home/article/15102109/foundation-offers-recent-graduates-5000-to-ove-to-ohio-city.

14. "Housing Initiative," Newton Economic Development, accessed October 4, 2021, https://newtongov.org/806/Housing-Initiative.

15. "Work Remotely, Connect with Aloha," Movers and Shakas, accessed October 4, 2021, https://www.moversandshakas.org/.

16. Helena Bachmann, "You Won't Believe How Much This Tiny Swiss Village Will Pay You to Move There," USA Today, November 30, 2017, https://www.usatoday.com/story/news/world/2017/11/30/you-wont-believe-how-much-tiny-swiss-village-pay-you-move-there/910922001/.

17. Jared Lindzon, "Cities Offer Cash as They Compete for New Residents amid Remote Work Boom," Fast Company, June 22, 2020, https://www.fastcompany.com/90517270/cities-offer-cash-as-they-compete-for-new-residents-amid-remote-work-boom.

18. Dan D'Ambrosio, "Is Vermont's $10,000 Incentive Program for Remote Workers Working?," Burlington Free Press, November 18, 2019, https://www.burlingtonfreepress.com/story/money/2019/11/19/vermonts-10–000-pay-move-emote-worker-program-does-work/4189358002/.

19. Adam Wren (@adamwren), "Brutal Day for Indiana on the TL," Twitter, April 13, 2021, 4:40 pm, https://twitter.com/adamwren/status/1382117499244793861/photo/1.

20. D'Ambrosio, "Vermont's $10,000 Incentive Program."

21. Winona Dimeo-Ediger, in conversation with the author, January 2021.

22. Marcel Schwantes, "A New Study Reveals 70 Percent of Workers Say They Are Actively Looking for a New Job," Inc., December 4, 2018, https://www.inc.com/marcel-schwantes/a-new-study-reveals-70-percent-of-workers-say-they-are-actively-looking-for-a-new-job-heres-reason-in-5-words.html.

23. Joel Kotkin and Cullum Clark, "Big D Is a Big Deal," City Journal, Summer 2021, https://www.city-journal.org/dallas-fort-worth.

24. Jessica Heer, in conversation with the author, December 2020.

25. Heer, conversation.

26. Uri Berliner, "You Want To Move? Some Cities Will Pay You $10,000 To Relocate," NPR, December 20, 2020, https://www.npr.org/2020/12/20/944986123/you-want-to-move-some-cities-will-pay-you-10–000-to-relocate.

27. Berliner, "You Want to Move?."

28. Dimeo-Ediger, conversation.

29. Gutierrez-Jones, "All the Right Moves."

30. Gutierrez-Jones, "All the Right Moves."

31. Marie Patino, Aaron Kessler, and Sarah Holder, "More Americans Are Leaving Cities, But Don't Call It an Urban Exodus," Bloomberg CityLab, April 26, 2021, https://www.bloomberg.com/graphics/2021-citylab-how-americans-moved/; Anna Bahney, "People Are

Snatching Up Vacation Homes," CNN, June 17, 2021, https://www.cnn.com/2021/06/17/homes/vacation-home-sales-increase-covid-feseries/index.html.

32. Patino, Kessler, and Holder, "More Americans Are Leaving Cities."
33. Richard Florida, "Talent May Be Shifting Away from Superstar Cities," Bloomberg CityLab, November 18, 2019, https://www.bloomberg.com/news/articles/2019-11-18/why-superstar-cities-may-be-losing-their-luster.
34. Becky McCray and Deb Brown, "Zoom Towns: Rural Remote Work," Save Your Town, video, December 2020, https://learnto.saveyour.town/zoom-towns-remote-work.
35. Joe and Ana Kuykendall, in conversation with the author, March 2021.
36. Marcus Andersson, in conversation with the author, December 2020.
37. "Marcus Andersson on Talent Attraction and Place Attractiveness," Place Brand Observer, July 30, 2015, https://placebrandobserver.com/interview-marcus-andersson/.
38. Tim Carty, in conversation with the author, January 2021.
39. Dick Hakes, "Wingman Program Gives Newcomers a Healthy Dose of 'Iowa Nice,'" Iowa City Press-Citizen, October 18, 2019, https://www.press-citizen.com/story/life/2019/10/18/wingman-program-helps-connect-new-residents-iowa-city-experts/4002163002/.
40. Heer, conversation.
41. Dimeo-Ediger, conversation.
42. Joe and Ana Kuykendall, conversation.
43. Barbara Stapleton, in conversation with the author, March 2021.
44. Bob Ross, in conversation with the author, March 2021.
45. Shawn Wheat and Alyssa Willetts, "Topeka Partnership Responds to Colbert Criticism," WIBW, December 19, 2019, https://www.wibw.com/content/news/Topeka-Partnership-responds-to-Colbert-criticism-566335651.html.

第 5 章

1. Tommy Andres, "Divided Decade: How the Financial Crisis Changed

Jobs," Marketplace, December 19, 2018, https://www.marketplace. org/2018/12/19/what-we-learned-jobs/.

2.　Susanna Perkins, in conversation with the author, December 2020.

3.　Gutierrez-Jones, "All the Right Moves."

4.　Sean Coffey, "New Research: People are Leaving SF, But Not California," California Policy Lab, March 4, 2021, https://www. capolicylab.org/news/new-research-people-are-leaving-sf-but-not-california/.

5.　Adam Brinklow, "San Francisco Market Rents Soar up to 105 Percent above Average," Curbed, October 2, 2019, https://sf.curbed. com/2019/10/2/20895578/san-francisco-median-rents-market-census-september-2019.

6.　D'Vera Cohn, "As the Pandemic Persisted, Financial Pressures Became a Bigger Factor in Why Americans Decided to Move," Pew Research Center, February 4, 2021, https://www.pewresearch.org/ fact-tank/2021/02/04/as-the-pandemic-persisted-financial-pressures-became-a-bigger-factor-in-why-americans-decided-to-move/.

7.　Joe Roberts, "US Cities with the Lowest Cost of Living," Move. org, November 10, 2020, https://www.move.org/lowest-cost-of-living-by-us-city.

8.　Tim Leffel, in conversation with the author, April 2021.

9.　Paulette Perhach, "A Story of a Fuck Off Fund," Billfold, January 20, 2016, https://www.thebillfold.com/2016/01/a-story-of-a-fuck-off-fund/.

10.　Mark Huffman, "New Study Finds Most Consumers Prefer Experiences over Things," Consumer Affairs, October 15, 2019, https://www.consumeraffairs.com/news/new-study-finds-most-consumers-prefer-experiences-over-things-101519.html.

11.　Lydia Belanger, "The Cheapest and Most Expensive Places in the World for a Cup of Coffee," Business Insider, March 28, 2018, https://www.businessinsider.com/the-heapest-and-most-expensive-places-in-the-world-for-a-coffee-2018–3.

12.　"Consumer Expenditures—2020," U.S. Bureau of Labor Statistics, September 9, 2021, https://www.bls.gov/news.release/pdf/cesan.pdf.

13.　Sylvan Lane, "Housing Prices Rose Nearly 15 percent Annually in April," The Hill, June 29, 2021, https://thehill.com/policy/

finance/560752-housing-prices-rose-nearly-15-percent-annually-in-april.

14. Wendell Cox, "Demographia International Housing Affordability: 2021 Edition," Urban Reform Institute and Frontier Centre for Public Policy, February 2021, http://www.demographia.com/dhi.pdf.

15. Cox, "Demographia International Housing Affordability."

16. Cox, "Demographia International Housing Affordability."

17. Josephine Tovey, "Waiting to Borrow: Buying a First Home Amid Soaring Real Estate Prices Feels Grimly Beckettian," Guardian, April 11, 2021, https://www.theguardian.com/australia-news/2021/apr/12/waiting-to-borrow-buying-a-first-home-amid-soaring-real-estate-prices-feels-grimly-beckettian.

18. Cox, "Demographia International Housing Affordability."

19. "The State of the Nation's Housing 2018," Joint Center for Housing Studies of Harvard University, 2018, https://www.jchs.harvard.edu/sites/default/files/Harvard_JCHS_State_of_the_Nations_Housing_2018.pdf.

20. Jeremy Gibbens (@afterglide), "House Hunters intro," Twitter, April 20, 2017, 10:55 a.m., https://twitter.com/afterglide/status/855072496554475520.

21. "State of the Nation's Housing 2018."

22. Tom Lisi, "Plenty of Cheap Homes in Decatur, But Still Out of Reach for Many," Pantagraph, August 26, 2018, https://pantagraph.com/news/state-and-regional/plenty-of-cheap-homes-in-decatur-but-still-out-of-reach-for-many/article_0a1cd010-9371-5521-80aa-f2244b675c81.html?mode=comments.

23. Janie Sandberg, in conversation with the author, January 2021.

24. Conor Dougherty, "The Californians Are Coming. So Is Their Housing Crisis," New York Times, June 21, 2021, https://www.nytimes.com/2021/02/12/business/economy/california-housing-crisis.html.

25. Melanie Allen, in conversation with the author, April 2021.

26. "The World's Best Places to Retire in 2021," International Living, June 29, 2021, https://internationalliving.com/the-best-places-to-retire/.

27. "The World's #1 Offshore Conference," Nomad Capitalist, accessed

October 5, 2021, https://nomadcapitalist.com/live/.

28. Andrew Henderson, Nomad Capitalist: Reclaim Your Freedom with Offshore Companies, Dual Citizenship, Foreign Banks, and Overseas Investments (self-pub., 2018).

29. Andrew Henderson, "Nomad Flag Theory," Nomad Capitalist, accessed October 5, 2021, https://nomadcapitalist.com/flag-theory/.

30. Mike Huynh, "Living in the World's Lowest Income Tax Countries," CEO Magazine, November 28, 2019, https://www.theceomagazine.com/lifestyle/property/lowest-income-tax-countries/.

31. John D. McKinnon, "Tax History: Why U.S. Pursues Citizens Overseas," Wall Street Journal, May 18, 2012, https://www.wsj.com/articles/BL-WB-34630.

32. Taylor, conversation.

33. "Foreign Earned Income Exclusion," IRS, updated February 3, 2021, https://www.irs.gov/individuals/international-taxpayers/foreign-earned-income-exclusion.143 not the financial savings: Taylor, conversation.

34. Enrico Moretti and Daniel J. Wilson, "The Effect of State Taxes on the Geographical Location of Top Earners: Evidence from Star Scientists," American Economic Review 107, no. 7 (2017): 1858–903,https://doi.org/10.1257/aer.20150508.

35. Jared Walczak and Janelle Cammenga, "2021 State Business Tax Climate Index," Tax Foundation, October 21, 2020, https://taxfoundation.org/2021-state-business-tax-climate-index/.

36. Kate Conger, "They Got Rich Off Uber and Lyft. Then They Moved to Low-Tax States," New York Times, May 9, 2019, https://www.nytimes.com/2019/05/09/technology/uber-lyft-low-tax-millennials.html.

37. "Federal Income Tax Calculator," SmartAsset, accessed October 5, 2021, https://smartasset.com/taxes/income-taxes.

38. "California Tax Rates," H&R Block, accessed October 5, 2021, https://www.hrblock.com/tax-center/filing/states/california-tax-rates/.

39. Seth Godin, "The Tyranny of Lowest Price," Seth's Blog, May 30, 2014, https://seths.blog/2014/05/the-tyranny-of-lowest-price/.

40. Laura Bliss and Sarah Holder, "What Happens When a City's

Largest Employer Goes 'Work From Anywhere,'" Bloomberg CityLab, February 12, 2021, https://www.bloomberg.com/news/articles/2021-02-12/what-will-remote-work-do-to-salesforce-tower.

41. Wade Foster, "De-Location Package: Keep Your Career and Live Beyond the Bay Area," Zapier, March 17, 2017, https://zapier.com/blog/move-away-from-sf-get-remote-job/.

42. "Should Salaries Be Locally Adjusted for Remote Employees?," NoHQ, accessed October 5, 2021, https://nohq.co/blog/locally-adjusted-salaries-for-remote-workers/.

43. Sharon Tseung, in conversation with the author, December 2020.

44. John Forberger, in conversation with the author, November 2020.

45. Perkins, conversation.

46. "June Transit Savings Report," American Public Transportation Association, June 8, 2018, https://www.apta.com/news-publications/press-releases/releases/june-transit-savings-report-soaring-gas-prices-take-transit-savings-to-highest-level-of-the-year/.

47. Marian White, "How Much Does a Moving Company Cost in 2019?," Moving.com, August 23, 2019, https://www.moving.com/tips/how-much-does-a-moving-company-cost/.

48. For a good intro to house hacking, read Andy and Liz Kolodgie, "18 Ways to Retire Early by House Hacking," Financially Independent Millennial, accessed October 5, 2021, https://thefinanciallyindependentmillennial.com/house-hacking/.

49. Lynn Walker, "Report: Wichita Falls among Cheapest Cities to Live," Wichita Falls Times Record News, March 17, 2021, https://www.timesrecordnews.com/story/news/local/2021/03/17/wichita-falls-among-cheapest-ities-live-study-says/4736755001/.

50. Debbie Dobbins, in conversation with the author, April 2021.

第 6 章

1. Allen, conversation.

2. "FreshBooks Third Annual Self-Employment in America Report," Fresh Books, 2019, https://www.freshbooks.com/press/annualreport.

3. Timothy Carter, "The True Failure Rate of Small Businesses,"

Entrepreneur, January 3, 2021, https://www.entrepreneur.com/article/361350.

4. "One in Three Americans Have a Side Hustle," Zapier, January 14, 2021, https://zapier.com/blog/side-hustle-report/.

5. "The 50 Best Workplaces for Innovators," Fast Company, August 5, 2019, https://www.fastcompany.com/best-workplaces-for-innovators/2019.

6. Michael Ringel, Ram.n Baeza, Rahool Panandiker, and Johann D. Harnoss, "In Innovation, Big Is Back," BCG, June 22, 2020, https://www.bcg.com/en-ca/publications/2020/most-innovative-companies/large-company-innovation-edge.

7. For example, see Kristian Kremer, "The Entrepreneurial Ecosystem: A Country Comparison Based on the GEI Approach," DICE Report 17, no. 2 (2019): 52–62, https://www.ifo.de/en/publikationen/2019/article-journal/entrepreneurial-ecosystem-country-comparison-based-gei-approach.

8. Graham, "Cities and Ambition."

9. Colleen Gross, in conversation with the author, January 2021.

10. Chris and Jenna Simpler, in conversation with the author, December 2020.

11. Rani Navarro Force, in conversation with the author, January 2021.

12. Teresa McAnerney, in conversation with the author, January 2021.

13. Ernesto Sirolli, "Want to Help Someone? Shut Up and Listen!," filmed September 2012 in Christchurch, New Zealand, TED video, 16:17, https://www.ted.com/talks/ernesto_sirolli_want_to_help_someone_shut_up_and_listen?language=en; Ernesto Sirolli, Ripples from the Zambezi: Passion, Entrepreneurship, and the Rebirth of Local Economies (Gabriola Island, BC: New Society, 1999).

14. Leslie Brokaw, "'Want to Help Someone? Shut Up and Listen,'" MIT Sloan Management Review, December 4, 2012, https://sloanreview.mit.edu/article/want-to-help-someone-shut-up-and-listen/.

15. Wouter Steenbeek and Veronique Schutjens, "The Willingness to Intervene in Problematic Neighbourhood Situations: A Comparisonof Local Entrepreneurs and (Un)Employed Residents," Tijdschrift voor Economische en Sociale Geografie 105, no. 3 (July 2014): 349–57, https://doi.org/10.1111/tesg.12092.

16. Samuel Stroope et al., "College Graduates, Local Retailers, and Community Belonging in the United States," Sociological Spectrum 34, no. 2 (February 2014): 143–62,https://doi.org/10.1080/02732173.2014.878612.

17. Olav Sorenson, "Social Networks and the Geography of Entrepreneurship," Small Business Economics 51, (2018): 527–37, https://doi.org/10.1007/s11187-018-0076-7.

18. Kim Hart, "Venture Capital Slowly Seeps outside of Silicon Valley," Axios, January 15, 2020, https://www.axios.com/venture-capital-midwest-growth-13ac8514-e8e2-498f-98b7-71026277e826.html.

19. Trung T. Phan, "The Story of Sequoia, a Silicon Valley VC Legend," The Hustle, November 25, 2020, https://thehustle.co/11252020-sequoia/.

20. "About Revolution," Revolution, accessed October 5, 2021, https://www.revolution.com/our-story/.

21. Patrick Sisson, "The New Magnetism of Mid-Size Cities," Curbed, May 1, 2018, https://archive.curbed.com/2018/5/1/17306978/career-millennial-home-buying-second-city.

22. "Two Startups Awarded 1ST50K Grant," Codefi, accessed October 5, 2021, https://www.codefiworks.com/blog/two-startups-win-in-local-competition.

23. See StartupChile.org. Thanks to Marcus Andersson for drawing my attention to this program.

24. Rina Patel, in conversation with the author, February 2021.

25. Arianna O'Dell, in conversation with the author, January 2021.

26. Garrett Moon, "How 'Small Town' Entrepreneurs Can Use Location to Their Advantage," Entrepreneur, September 29, 2017, https://www.entrepreneur.com/article/300734.

27. Brad Feld, Startup Communities: Building an Entrepreneurial Ecosystem (Hoboken, NJ: Wiley, 2012), 49.

28. Jordan DeGree, in conversation with the author, February 2021.

29. Alissa Hessler, in conversation with the author, January 2021.

第 7 章

1. Kate Schwarzler, in conversation with the author, March 2021.
2. Maya Kosoff, "How WeWork Became the Most Valuable Startup in New York City," Business Insider, October 22, 2015, https://www.businessinsider.com.au/the-founding-story-of-wework-2015–10.
3. Rebecca Aydin, "The WeWork Fiasco of 2019, Explained in 30 Seconds," Business Insider, October 22, 2019, https://www.businessinsider.com/wework-ipo-fiasco-adam-neumann-explained-events-timeline-2019–9.
4. Jenna Wilson, "2019 Global Impact Report," WeWork, April 29, 2019, https://www.wework.com/ideas/newsroom-landing-page/newsroom/posts/2019-global-impact-report.
5. Steve King, "Coworking Is Not About Workspace—It's About Feeling Less Lonely," Harvard Business Review, December 28, 2017, https://hbr.org/2017/12/coworking-is-not-about-workspace-its-about-feeling-less-lonely.
6. Catherine Nixey, "Death of the Office," Economist, April 29, 2020, https://www.economist.com/1843/2020/04/29/death-of-the-office.
7. "What Employees Miss," Twingate Research, October 12, 2020, https://www.twingate.com/research/what-employees-miss/.
8. Ariana Denebeim, "Smaller City Centers Are Poised to Win Tech Talent Post-Pandemic," One America Works, May 7, 2021, https://www.prweb.com/releases/smaller_city_centers_are_poised_to_win_tech_talent_post_pandemic/prweb17918871.htm.
9. Michael Storper and Anthony J. Venables, "Buzz: Face-to-Face Contact and the Urban Economy," Journal of Economic Geography 4, n.o. 4 (August 2004): 351–70, https://doi.org/10.1093/jnlecg/lbh027.
10. M. C. Davis, D. J. Leach, and C. W. Clegg, "Breaking Out of Open-Plan: Extending Social Interference Theory Through an Evaluation of Contemporary Offices," Environment and Behavior 52, no. 9 (2020): 945–78, https://doi.org/10.1177/0013916519878211.
11. Michael E. Porter, "Clusters and the New Economics of Competition," Harvard Business Review, November-December 1998, https://hbr.org/1998/11/clusters-and-the-new-economics-of-competition.

12. Porter, "Clusters."
13. Mita, conversation.
14. Dale Berning Sawa, "Extreme Loneliness or the Perfect Balance?," Guardian, March 25, 2019, https://www.theguardian.com/lifeandstyle/2019/mar/25/extreme-loneliness-or-the-perfect-balance-how-to-work-from-home-and-stay-healthy.
15. Evyn Caleece Nash, "Is Mobile Work Really Location-Independent? The Role of Space in the Work of Digital Nomads," (bachelor's thesis, University of North Carolina at Chapel Hill, 2019), https://doi.org/10.17615/wryv-5286.
16. Jon Muller, "The Many Benefits of Coworking Spaces You Should Know About," Ergonomic Trends, accessed October 5, 2021, https://ergonomictrends.com/many-benefits-of-coworking-spaces/.
17. Esther Inman, in conversation with the author, January 2021.
18. Ray Oldenburg, The Great Good Place: Cafés, Coffee Shops, Bookstores, Bars, Hair Salons, and Other Hangouts at the Heart of a Community (New York: Marlowe, 1989), xvii.
19. Muller, "Many Benefits of Coworking Spaces."
20. Loneliness and the Workplace," Cigna, 2020, https://www.cigna.com/static/www-cigna-com/docs/about-us/newsroom/studies-and-reports/combatting-loneliness/cigna-2020-loneliness-report.pdf.
21. Julianne Holt-Lunstad et al., "Loneliness and Social Isolation as Risk Factors for Mortality: A Meta-Analytic Review," Perspectives on Psychological Science 10, no. 2 (March 2015): 227–37, https://doi.org/10.1177/1745691614568352.
22. Julianne Holt-Lunstad, in conversation with the author, February 2020.
23. Simon Usborne, "End of the Office: The Quiet, Grinding Loneliness of Working from Home," Guardian, July 14, 2020, https://www.theguardian.com/money/2020/jul/14/end-of-the-office-the-quiet-grinding-loneliness-of-working-from-home.
24. Adam Hickman, "How to Manage the Loneliness and Isolation of Remote Workers," Gallup, November 6, 2019, https://www.gallup.com/workplace/268076/manage-loneliness-isolation-remote-workers.aspx.
25. Nicholas Bloom et al., "Does Working from Home Work? Evidence

from a Chinese Experiment," Quarterly Journal of Economics 130, no. 1 (February 2015): 165–218, https://doi.org/10.1093/qje/qju032. See also Usborne,"End of the Office."

26. Tiffany Yates Martin, in conversation with the author, January 2021.
27. Amanda Ripley, Rekha Tenjarla, and Angela Y. He, "The Geography of Partisan Prejudice," Atlantic, March 4, 2019, https://www. theatlantic.com/politics/archive/2019/03/us-counties-vary-their-degree-partisan-prejudice/583072/.
28. Vanessa Mason, "Issue #37: Transitions and Belongings," Future of Belonging, November 19, 2020, https://belonging.substack.com/p/issue-36-transitions-and-belonging.
29. Benjy Hansen-Bundy, "A Week Inside WeLive, the Utopian Apartment Complex That Wants to Disrupt City Living," GQ, February 27, 2018, https://www.gq.com/story/inside-welive.
30. "Coliving and Apartments for Today's Renter," Common, accessed October 5, 2021, https://www.common.com/.
31. Maria Selting, in conversation with the author, December 2020.
32. "Housing in Sweden: A Story of Co-living, Co-housing and… Mambo!," All Things Nordic, April 28, 2019, https://allthingsnordic. eu/housing-in-sweden-a-story-of-co-living-co-housing-nd-mambo/.
33. "Common Announces the Remote Work Hub, Opens Request for Proposals," Common, August 18, 2020, https://www.prnewswire. com/news-releases/common-announces-the-remote-work-hub-opens-request-for-proposals-301114188.html.
34. McCray and Brown, "Zoom Towns: Rural Remote Work."
35. Schwarzler, conversation.
36. Gideon Lewis-Kraus, "The Rise of the WeWorking Class," New York Times Magazine, February 21, 2019, https://www.nytimes.com/interactive/2019/02/21/magazine/wework-coworking-office-space. html.
37. Henry Grabar, "Mama, I'm Coming Home," Slate, February 8, 2021, https://slate.com/business/2021/02/pandemic-americans-moving-home-parents-family.html.
38. Jon Marcus, "Small Cities Are a Big Draw for Remote Workers during the Pandemic," NPR, November 16, 2020, https://www.npr. org/2020/11/16/931400786/small-cities-are-a-big-draw-for-remote-

workers-during-the-pandemic.

39. Jerry Norris, in conversation with the author, March 2021.

第 8 章

1. Deborah Leslie and Norma M. Rantisi, "Creativity and Place in the Evolution of a Cultural Industry: The Case of Cirque du Soleil," Urban Studies 48, no. 9 (June 2010): 1771–87, https://doi.org/10.1177/0042098010377475.

2. Leslie and Rantisi, "Creativity and Place."

3. Norma Rantisi, in conversation with the author, March 2021.

4. "About Cirque," Cirque du Soleil, accessed October 8, 2021, https://www.cirquedusoleil.com/press/kits/corporate/about-cirque.

5. "Brian Eno On Genius, And 'Scenius,'" Synthtopia, July 9, 2009, https://www.synthtopia.com/content/2009/07/09/brian-eno-on-genius-and-scenius/.

6. Austin Kleon, "Further Notes on Scenius," Austin Kleon (blog), May 12, 2017, https://austinkleon.com/2017/05/12/scenius/.

7. Eric Weiner, The Geography of Genius: A Search for the World's Most Creative Places from Ancient Athens to Silicon Valley (New York: Simon and Schuster, 2016).

8. Austin Kleon, Show Your Work! (Avon, MA: Adams, 2014).

9. Gunnar T.rnqvist, "Creativity in Time and Space," Geografiska Annaler 86 B, no. 4 (December 2004): 227–43, https://doi.org/10.1111/j.0435-3684.2004.00165.x.

10. Kevin Kelly, "Scenius, or Communal Genius," The Technium, June 10, 2008, https://kk.org/thetechnium/scenius-or-comm/.

11. Kelly, "Scenius, or Communal Genius."

12. Lainey Cameron, in conversation with the author, January 2021.

13. Julianne Couch, in conversation with the author, January 2021.

14. Kevin Kelly, "1,000 True Fans," The Technium, March 4, 2008, https://kk.org/thetechnium/1000-true-fans/.

15. Li Jin, "100 True Fans," Li Jin (blog), February 19, 2020, https://li-jin.co/2020/02/19/100-true-fans/.

16. Catherine Freshley, in conversation with the author, February 2021.

17. Kristine Arth, in conversation with the author, December 2020.
18. Justin Litton, in conversation with the author, December 2020.
19. Trine Plambech and Cecil C. Konijnendijk van den Bosch, "The Impact of Nature on Creativity: A Study among Danish Creative Professionals," Urban Forestry and Urban Greening 14, no. 2 (March 2015): 255–63, https://doi.org/10.1016/j.ufug.2015.02.006.
20. Tytti P. Pasanen, Marjo Neuvonen, and Kalevi M. Korpela, "The Psychology of Recent Nature Visits: (How) Are Motives and Attentional Focus Related to Post-Visit Restorative Experiences, Creativity, and Emotional Well-Being?," Environment and Behavior 50, no. 8 (2018): 913–44, https://doi.org/10.1177/0013916517720261.
21. Austin Kleon, "Powers of Two: A Conversation about Creativity with Joshua Wolf Shenk," Austin Kleon (blog), October 30, 2014, https://austinkleon.com/2014/10/30/powers-of-two-a-conversation-about-creativity-with-joshua-wolf-shenk/.
22. Noah Adams, "In Paducah, Artists Create Something From Nothing," NPR, August 9, 2013, https://www.npr.org/2013/08/09/210130790/in-paducah-artists-create-something-from-nothing.
23. Greg Lindsay, "Hacking the City," New Republic, December 10, 2015, https://newrepublic.com/article/124470/hacking-city.
24. Brian Boucher, "Voters in Jersey City Just Approved a New Tax in Support of the Arts, Setting the Stage for Other Cities to Follow," Artnet News, November 5, 2020, https://news.artnet.com/art-world/jersey-city-votes-support-arts-1921231.
25. Susan Dosier, in conversation with the author, April 2021.
26. Alexa Modderno, in conversation with the author, April 2021.

第 9 章

1. Nandita Gupta, in conversation with the author, February 2021.
2. Pieter Levels, "There Will Be 1 Billion Digital Nomads by 2035," Levels.io, October 25, 2015, https://levels.io/future-of-digital-nomads/.
3. "State of Independence in America 2018," MBO Partners, 2018,

https://www.mbopartners.com/state-of-independence/.

4. Elaine Pofeldt, "Digital Nomadism Goes Mainstream," Forbes, August 30, 2018, https://www.forbes.com/sites/elainepofeldt/2018/08/30/digital-nomadism-goes-mainstream/?sh=40f2d1124553.

5. "State of Independence in America 2020," MBO Partners, 2020, https://www.mbopartners.com/state-of-independence/.

6. "State of Independence in America 2020."

7. Chip and Paige Severance, in conversation with the author, September 2020.

8. Sandra Pe.a, in conversation with the author, September 2020.

9. John Steinbeck, Travels with Charley (New York: Penguin, 1980), 81.

10. Jon Krakauer, Into the Wild (New York: Anchor, 1996), 57.

11. Lauren Razavi, in conversation with the author, February 2021.

12. Matt Dykstra, in conversation with the author, December 2020.

13. Annie Daly, "Selina, the Hotel for Digital Nomads, Is Coming to the U.S.," Condé Nast Traveler, July 11, 2018, https://www.cntraveler.com/story/selina-the-hotel-for-digital-nomads-is-coming-to-the-us.

14. "Growing a Community for Digital Nomads to $33,000/mo," Indie Hackers, accessed October 8, 2021, https://www.indiehackers.com/interview/growing-a-community-for-digital-nomads-to-33–000-mo-126df0fc5e.

15. Razavi, conversation.

16. Nathan Heller, "Estonia, The Digital Republic," New Yorker, December 11, 2017, https://www.newyorker.com/magazine/2017/12/18/estonia-the-digital-republic.

17. "Estonia Is Launching a New Digital Nomad Visa for Remote Workers," Republic of Estonia E-Residency, accessed October 8, 2021, https://e-resident.gov.ee/nomadvisa/.

18. Razavi, conversation.

19. Matthew Karsten, "20 Countries With Digital Nomad Visas (For Remote Workers)," Expert Vagabond, August 11, 2021, https://expertvagabond.com/digital-nomad-work-visas/.

20. "One (1) Year Residency Certificate Policy," Government of Bermuda, July 17, 2020, https://www.gov.bm/articles/one-1-year-

residency-certificate-policy.

21. Razavi, conversation.

22. Jessica Hullinger, "Want to Work While Traveling the World for a Year? This Startup Might Be Able to Help," Fast Company, September 24, 2014, https://www.fastcompany.com/3035909/want-to-work-while-traveling-the-world-for-a-year-this-startup-might-be-a.

23. Erika Adams, "Remote Year Promised to Combine Work and Travel. Was It Too Good to Be True?," Atlas Obscura, May 5, 2016, https://www.atlasobscura.com/articles/remote-year-promised-to-combine-work-and-travel-was-it-too-good-to-be-true.

24. Sarah Aviram, in conversation with the author, January 2021.

25. Sarah Aviram, Remotivation: The Remote Worker's Ultimate Guide to Life-Changing Fulfillment (self-pub., 2020).

26. Rick Graham, in conversation with the author, February 2021.

27. Marco Piras, in conversation with the author, January 2021.

28. Brie Weiler Reynolds, "FlexJobs Digital Nomad Survey: Insights into the Remote Lifestyle," FlexJobs, accessed October 8, 2021, https://www.flexjobs.com/blog/post/flexjobs-digital-nomad-survey-insights-remote-lifestyle/.

29. Hannah Dixon, in conversation with the author, January 2021.

30. Abby Ellin, "They're Digital Nomads. They're People of Color. Here's How They Make It Work," CNN, October 27, 2020, https://www.cnn.com/travel/article/digital-nomads-minority-families-travel-coronavirus/index.html.

31. Reynolds, "FlexJobs Digital Nomad Survey."

32. Dixon, conversation.

33. Arth, conversation.

34. Joshua Fields Millburn and Ryan Nicodemus, "Play the 30-Day Minimalism Game," The Minimalists, accessed October 8, 2021, https://www.theminimalists.com/game/.

35. Gupta, conversation.

36. Kathy Gardner, "FlexJobs Survey Finds Wanting to Travel a Surprisingly Popular Motivator for Why Millennials Work," FlexJobs, October 14, 2019, https://www.prweb.com/releases/flexjobs_survey_finds_wanting_to_travel_a_surprisingly_popular_

motivator_for_why_millennials_work/prweb16637245.htm.

37. "Lisbon, Portugal," NomadList, accessed October 8, 2021, https://nomadlist.com/lisbon; "Madeira, Portugal," NomadList, accessed October 8, 2021, https://nomadlist.com/madeira.

38. Digital Nomads Madeira Islands, accessed October 8, 2021, https://digitalnomads.startupmadeira.eu/.

39. Terry Ward, "Madeira to Digital Nomads: Come Work with Us," CNN, February 1, 2021, https://www.cnn.com/travel/article/madeira-portugal-digital-nomads/index.html.

40. Ward, "Madeira to Digital Nomads."

第 10 章

1. Laurel Farrer, in conversation with the author, February 2021.

2. Amy Joi O'Donoghue, "Online Jobs Initiative Aims to Stop Export of Young Adults from Rural Utah," Deseret News, February 15, 2018, https://www.deseret.com/2018/2/15/20640014/online-jobs-initiative-aims-to-stop-export-of-young-adults-from-rural-utah.

3. Farrer, conversation.

4. "Mother of 3 Hired as a Project Manager for Tephra Solar in Utah County Working Remotely from Tabiona," Utah State University, accessed October 9, 2021, https://extension.usu.edu/remoteworkcertificate/success-stories/WhitleyPotter.

5. "The Talent Shortage," ManpowerGroup, accessed October 9, 2021, https://go.manpowergroup.com/talent-shortage.

6. "2021 Talent Trends Report," Randstad Sourceright, January 19, 2021, https://www.prnewswire.com/news-releases/businesses-continue-to-struggle-to-find-qualified-talent-despite-millions-of-individuals-looking-to-re-enter-the-workforce-301210143.html.

7. "Talent Shortage."

8. Carlos Santos, "Prosperity and Pitfalls: The Impact of Entrepreneurial Ecosystems in Small Cities," Darden Report, University of Virginia, April 19, 2017, https://news.darden.virginia.edu/2017/04/19/entrepreneurial-ecosystems-small-cities/.

9. Farrer, conversation.

10. Raj Chetty et al., "How Does Your Kindergarten Classroom Affect Your Earnings? Evidence from Project Star," Quarterly Journal of Economics 126, no. 4 (November 2011): 1593–660, https://doi.org/10.1093/qje/qjr041.

11. "Map: How Much Money Each State Spends Per Student," Education Week, June 4, 2019, https://www.edweek.org/policy-politics/map-how-much-money-each-state-spends-per-student/2019/06.

12. Cicely Wedgeworth, "It Pays to Own in an A-Plus School District—Here's How Much," Realtor.com, August 11, 2016, https://www.realtor.com/news/trends/top-school-districts-premium/.

13. Hannah Natanson, "They Moved for In-Person School during the Pandemic. Now They Must Decide: Stay or Go?," Washington Post, May 17, 2021, https://www.washingtonpost.com/local/education/move-pandemic-in-person-school/2021/05/10/d954eef2–97b1–11eb-b28d-bfa7bb5cb2a5_story.html.

14. Jessica Dickler, "Tuition-Free College Is Now a Reality in Nearly 20 States," CNBC, March 12, 2019, https://www.cnbc.com/2019/03/12/free-college-now-a-reality-in-these-states.html.

15. "Innovation Lives Here: Tech Talent Pipeline Initiative," HQ NOVA, accessed October 9, 2021, https://hqnova.com/assets/pdfs/NOVA_Higher-Ed.pdf.

16. "High School Internship Program," TechNL, accessed October 9, 2021, https://www.technl.ca/high-school-internship/.

17. "2019 WAGE Tour Program," Crawford Partnership for Education and Economic Development, accessed October 9, 2021, https://www.crawfordpartnership.org/leadership-development/2019-wage-tour-program/.

18. "College Towns," American Communities Project, accessed October 9, 2021, https://www.americancommunities.org/community-type/college-towns/.

19. David Drozd, "Aspects of Nebraska's Migration Including Brain Drain and Workforce Impacts," presentation delivered to Nebraska Department of Economic Development, February 27, 2020, https://www.unomaha.edu/college-of-public-affairs-and-community-service/center-for-public-affairs-research/documents/aspects-of-nebraska-migration-feb2020.pdf.

20. Dave Rippe, in conversation with the author, April 2021.
21. Peter Kageyama, For the Love of Cities (St. Petersburg, FL: Creative Cities Production, 2011), 8–11.
22. Emma Enochs, in conversation with the author, May 2021.
23. Julie Zeglen, "64% of Philly's Recent College Grads Choose to Stay in the City and Campus Philly Wants to Help Them Find Jobs," Generocity.org, September 8, 2016, https://generocity.org/philly/2016/09/08/64-phillys-recent-college-grads-choose-stay-city/.
24. Deborah Diamond, in conversation with the author, April 2021.
25. "Philadelphia Renaissance," Campus Philly, 2019, https://campusphilly.org/wp-content/uploads/2020/05/CampusPhilly-PhiladelphiaRenaissance2019-web.pdf.
26. Diamond, conversation.
27. Enochs, conversation.
28. Drozd, "Aspects of Nebraska's Migration."
29. Ben Winchester, in conversation with the author, May 2021.
30. Prithwiraj Choudhury and Ohchan Kwon, "Social Attachment to Place and Psychic Costs of Geographic Mobility: How Distance from Hometown and Vacation Flexibility Affect Job Performance," Harvard Business School Working Paper 19–010, 2019, http://doi.org/10.2139/ssrn.3517511.
31. Boomerang Greensboro, accessed October 9, 2021, https://boomeranggso.com.
32. Randy Maiers, "Funding College Graduates to Come Home," Front Porch Republic, November 29, 2018, https://www.frontporchrepublic.com/2018/11/funding-college-graduates-to-come-home/.
33. Winona Dimeo-Ediger, "Why Is Everyone Moving Back to Iowa?," Marketwatch, March 19, 2019, https://www.marketwatch.com/story/why-is-everyone-moving-back-to-iowa-2019-03-18?fbclid=IwAR3oxxn7sVxmUQeoE7K-S4Av5WznsAXymV4aitMndypHmBXn5pcGAdh7Swk.
34. Rippe, conversation.
35. "Mayor Fischer Announces New Effort to Teach Data Skills to Louisvillians Impacted by COVID-19 Outbreak," LouisvilleKY.gov, April 13, 2020, https://louisvilleky.gov/news/mayor-fischer-

announces-new-effort-teach-data-skills-louisvillians-impacted-covid-19-outbreak.

36. Winchester, conversation.

37. David Ivan, "Creating an Entrepreneur-Friendly Community: Proven Strategies for Success," National Main Street Conference, Kansas City, Missouri, March 27, 2018.

38. Mike Ramsey, in conversation with the author, August 2018.

第 11 章

1. Amanda Staas, in conversation with the author, April 2021.

2. Jason Duff, in conversation with the author, December 2020.

3. David Kidd, "Big Ideas for Small-Town Revival," Governing, August 12, 2021, https://www.governing.com/community/big-ideas-for-small-town-revival.

4. Duff, conversation.

5. Duff, conversation. The website SmallNationStrong.com includes details on a lot of Small Nation's projects.

6. Duff, conversation.

7. Staas, conversation.

8. Adedayo Akala, "Now That More Americans Can Work from Anywhere, Many Are Planning to Move Away," NPR, October 30, 2020, https://www.npr.org/sections/coronavirus-live-updates/2020/10/30/929667563/now-that-more-americans-can-work-anywhere-many-are-planning-to-move-away.

9. Allison Klein, "A Bookstore Owner Was in the Hospital. So His Competitors Came and Kept His Shop Open," Washington Post, February 25, 2019, https://www.washingtonpost.com/lifestyle/2019/02/25/bookstore-owner-was-hospital-so-his-competitors-came-kept-his-shop-open/.

10. Jenny Anderson, "The Only Metric of Success That Really Matters Is the One We Ignore," Quartz, March 12, 2019, https://qz.com/1570179/how-to-make-friends-build-a-community-and-create-the-life-you-want/.

11. Elham Watson, in conversation with the author, January 2021.

12. Gutierrez-Jones, "All the Right Moves."

13. Richard Florida, The Rise of the Creative Class (New York: Basic, 2002), 246–49.

14. Juliana Menasce Horowitz, "Americans See Advantages and Challenges in Country's Growing Racial and Ethnic Diversity," Pew Research Center, May 8, 2019, https://www.pewresearch.org/social-trends/2019/05/08/americans-see-advantages-and-challenges-in-countrys-growing-racial-and-ethnic-diversity/.

15. Deidre McPhillips, "A New Analysis Finds Growing Diversity in U.S. Cities," U.S. News and World Report, January 22, 2020, https://www.usnews.com/news/cities/articles/2020-01-22/americas-cities-are-becoming-more-diverse-new-analysis-shows.

16. "Racial and Ethnic Diversity Is Increasing in Rural America," Economic Research Service, U.S. Department of Agriculture, accessed October 11, 2021, https://www.ers.usda.gov/webdocs/publications/44331/10597_page7.pdf ?v=41055.

17. Daniel Kahneman and Angus Deaton, "High Income Improves Evaluation of Life but Not Emotional Well-Being," PNAS 107, no. 38 (September 2010): 16489–93, https://doi.org/10.1073/pnas.1011492107.

18. Bill McKibben, Deep Economy: The Wealth of Communities and the Durable Future (New York: Holt, 2007), 37.

19. Dana Anderson, "Eight out of 10 People Who Relocated During the Pandemic Are in a Similar or Better Financial Position Post-Move," Redfin, May 28, 2021, https://www.redfin.com/news/pandemic-relocation-more-disposable-income/.

20. Glenn Kelman (@glennkelman), "14 of 15: it's not just income that's k-shaped, but mobility," Twitter, May 25, 2021, 9:55 a.m., https://twitter.com/glennkelman/status/1397189653837623297?lang=en.

21. Rudy Glocker, in conversation with the author, November 2020.

22. Paul Yandura and Donald Hitchcock, in conversation with the author, January 2021.

23. Marisa M. Kashino, "A Gay DC Power Couple Is Remaking a West Virginia Town. Not Everyone Is Happy About It," Washingtonian, July 9, 2017, https://www.washingtonian.com/2017/07/09/gay-dc-power-couple-remaking-west-virginia-town-not-everyone-happy/.

24. Yandura and Hitchcock, conversation

25. CircleofAuntsandUncles.com. See also Natalie Peart, "Enterprise and Purpose in Philly: Hanifah Samad of Fason De Viv," Field Guide to a Regenerative Economy, accessed October 11, 2021, http://fieldguide.capitalinstitute.org/hanifah-samad.html.

26. Frank Langfitt, "It Takes a Village to Save a British Pub," NPR, March 10, 2019, https://www.npr.org/2019/03/10/700835354/it-takes-a-village-to-save-a-british-pub.

27. Ellie Honeybone and Aaron Fernandes, "Nyabing's Pub Flowing with Cheer Again after Locals Rally to Save Their Watering Hole," ABC Great Southern, March 9, 2019, https://www.abc.net.au/news/2019-03-10/beer-taps-are-flowing-again-in-wa-town-of-nyabing/10883516.

28. Glocker, conversation.

29. "The Local Multiplier Effect," American Independent Business Alliance, accessed October 11, 2021, https://amiba.net/wp-content/uploads/2020/08/Local-multiplier-effect-whitepaper.pdf.

30. Mortar Cincinnati, accessed October 11, 2021, https://wearemortar.com/.

31. Kate Raworth, "A Healthy Economy Should be Designed to Thrive, Not Grow," filmed April 2018 in Vancouver, Canada, TED video, 15:09, https://www.ted.com/talks/kate_raworth_a_healthy_economy_should_be_designed_to_thrive_not_grow?referrer=playlist-itunes_podcast_tedtalks_business&language=en.

32. Jenny Robbins, in conversation with the author, March 2021.

33. Jennifer Rogers, in conversation with the author, March 2021.

34. Fawne DeRosia, in conversation with the author, March 2021.

第 12 章

1. Amy Bushatz, in conversation with the author, December 2020.

2. Juliana Menasce Horowitz and Nikki Graf, "Most U.S. Teens See Anxiety and Depression as a Major Problem Among Their Peers," Pew Research Center, February 20, 2019, https://www.pewresearch.

org/social-trends/2019/02/20/most-u-s-teens-see-anxiety-and-depression-as-a-major-problem-among-their-peers/.

3. Whitney Johnson, email newsletter, March 28, 2019.

4. Christine Schmidt, in conversation with the author, January 2021.

5. Paul Liepe, in conversation with the author, January 2021.

6. Andrew Phillips, in conversation with the author, February 2021.

7. "Gallup Global Emotions 2020," Gallup, accessed October 11, 2021, https://www.gallup.com/analytics/324191/gallup-global-emotions-report-2020.aspx.

8. Katie Hawkins-Gaar, "When Work Is the Answer to Everything," My Sweet Dumb Brain, April 20, 2021, https://mysweetdumbbrain.substack.com/p/when-work-is-the-answer-to-everything.

9. Daniel Wheatley, "Autonomy in Paid Work and Employee Subjective Well-Being," Work and Occupations 44, no. 3 (2017): 296–328, https://doi.org/10.1177/0730888417697232.

10. Annie Dean and Anna Auerbach, "96% of U.S. Professionals Say They Need Flexibility, but Only 47% Have It," Harvard Business Review, June 5, 2018, https://hbr.org/2018/06/96-of-u-s-professionals-say-they-need-flexibility-but-only-47-have-it.

11. Mina Haq, "The Face of 'Gig' Work is Increasingly Female—and Empowered, Survey Finds," USA Today, April 4, 2017, https://www.usatoday.com/story/money/2017/04/04/women-gig-work-equal-pay-day-side-gigs-uber/99878986/.

12. Dean and Auerbach, "96% of U.S. Professionals."

13. Gardner, "FlexJobs Survey."

14. "10 Reasons Your Late-Night Emails Are Destroying Your Business," Forbes, September 27, 2017, https://www.forbes.com/sites/johnrampton/2017/09/27/10-reasons-your-late-night-emails-are-destroying-your-business/.

15. Cameron McCool, "Entrepreneur on the Island: A Conversation with Paul Jarvis," Bench, June 3, 2016, https://bench.co/blog/small-business-stories/paul-jarvis/.

16. Heather Awsumb, in conversation with the author, February 2021.

17. Fried and Hansson, Remote: Office Not Required, 28.

18. Chinmoy Sarkar, "Towards Quantifying the Role of Urban Place Factors in the Production and Socio-Spatial Distribution of Mental

Health in CityDwellers," Journal of Urban Design and Mental Health 4, no. 2 (2018), editorial, https://www.urbandesignmentalhealth.com/ journal-4-quantifying-place-factors-in-mental-health.html.

19. Cameron Duff, "Exploring the Role of 'Enabling Places' in Promoting Recovery from Mental Illness: A Qualitative Test of a Relational Model," Health & Place 18, no. 6 (November 2012): 1388–95, https://doi.org/10.1016/j.healthplace.2012.07.003.

20. Talken, conversation.

21. Aaron Antonovsky, "The Salutogenic Model as a Theory to Guide Health," Health Promotion International 11, no. 1 (March 1996): 11–18, https://doi.org/10.1093/heapro/11.1.11.

22. Talken, conversation.

23. Davida Lederle, in conversation with the author, March 2021.

24. Molly M. Scott et al., "Community Ties: Understanding What Attaches People to the Place Where They Live," Knight Foundation, May 2020, https://knightfoundation.org/wp-content/ uploads/2020/05/Community-Ties-Final-pg.pdf.

25. Peter Yeung, "How '15-Minute Cities' Will Change the Way We Socialise," BBC, January 4, 2021, https://www.bbc.com/worklife/ article/20201214-how-15-minute-cities-will-change-the-way-we-socialise.

26. Marie Howe, "My Dead Friends," in What the Living Do (New York: W.W. Norton, 1998), 84.

27. Millie Whalen, in conversation with the author, January 2021.

第 13 章

1. Rebecca Williams, in conversation with the author, March 2021.

2. Aine McMahon, "Ireland's Population One of Most Rural in European Union," Irish Times, June 1, 2016, https://www.irishtimes. com/news/health/ireland-s-population-one-of-most-rural-in-european-union-1.2667855.

3. Williams, conversation.

4. Kat Slater, in conversation with the author, February 2021.

5. Rose Barrett, in conversation with the author, January 2021.

6. "Repopulation: Town Tasters," Grow Remote, accessed October 11, 2021, https://inside.growremote.ie/chapter-case-studies/repopulation-town-tasters. See also "Remote Irish Island, Arranmore, Invites America to Connect," Arranmore, May 31, 2019, https://www.prnewswire.com/news-releases/remote-irish-island-arranmore-invites-america-to-connect-300859933.html.

7. "Three Business: The Island," Three Ireland, April 18, 2019, YouTube video, 9:00, https://www.youtube.com/watch?v=i4PcOZ8xMsA.

8. Barrett, conversation.

9. "Making Remote Work: National Remote Work Strategy," Government of Ireland, January 15, 2021, https://www.gov.ie/en/publication/51f84-making-remote-work-national-remote-work-strategy/.

10. Scott et al., "Community Ties."

11. Margaret Vandergriff, in conversation with the author, January 2021.

12. Eckhart Tolle, The Power of Now: A Guide to Spiritual Enlightenment (Novato, CA: New World Library, 2014), 83.

13. Hebdon, conversation.

翻轉學 翻轉學系列 123

打破辦公空間的遊牧職場學

遠距、居家、接案……活用 WFA 工作法，讓你更能發揮效率與才華，賺錢也賺享受
If You Could Live Anywhere: The Surprising Importance of Place in a
Work-from-Anywhere World

作　　　　　者	梅洛蒂‧瓦尼克（Melody Warnick）
譯　　　　　者	張家綺
封 面 設 計	FE 工作室
內 文 排 版	許貴華
校　　　　　對	魏秋綢
行 銷 企 劃	魏玟瑜
出版二部總編輯	林俊安

出　　版　　者	采實文化事業股份有限公司
業 務 發 行	張世明‧林踏欣‧林坤蓉‧王貞玉
國 際 版 權	施維真
印 務 採 購	曾玉霞‧莊玉鳳
會 計 行 政	李韶婉‧許俶瑀‧張婕莛
法 律 顧 問	第一國際法律事務所　余淑杏律師
電 子 信 箱	acme@acmebook.com.tw
采 實 官 網	www.acmebook.com.tw
采 實 臉 書	www.facebook.com/acmebook01

I　S　B　N	978-626-349-522-7
定　　　　　價	450 元
初 版 一 刷	2023 年 12 月
劃 撥 帳 號	50148859
劃 撥 戶 名	采實文化事業股份有限公司
	104 台北市中山區南京東路二段 95 號 9 樓
	電話：(02)2511-9798　　　　傳真：(02)2571-3298

國家圖書館出版品預行編目資料

打破辦公空間的遊牧職場學：遠距、居家、接案……活用 WFA 工作法，讓你更能發揮效率與才華，賺錢
也賺享受 / 梅洛蒂‧瓦尼克（Melody Warnick）著；張家綺譯 . -- 初版 . -- 台北市：采實文化，2023.12
336 面；14.8×21 公分 . -- (翻轉學系列；123)
譯自：If You Could Live Anywhere: The Surprising Importance of Place in a Work-from-Anywhere World
ISBN 978-626-349-522-7(平裝)
1.CST: 職場成功法 2.CST: 工作環境
494.35　　　　　　　　　　　　　　　　　　　　　　　　　　　　　　　　　　　112019138

采實出版集團
ACME PUBLISHING GROUP

翻轉學

翻轉學

翻轉學

翻轉學